Wolfgang Messerschmidt, Die Baureihe 39

Über vierzig Jahre hinweg war die P 10 unverzichtbar für die Zugförderung in Deutschland. Die Lokomotive 39 196 hielt bei der Bundesbahn am längsten durch – erst im Januar 1967 wurde sie abgestellt

Wolfgang Messerschmidt

Die Baureihe 39

Die preußische P 10 – Schnellzugstar der Mittelgebirge

GeraMond

Titelbild: Archiv

Abbildung Vorsatz: Mit dem E 338 am Haken passiert die 39 136 das Klöckner Hüttenwerk in Hagen-Haspe (Foto: Bellingrodt/Slg. J. Bügel)

Abbildung Nachsatz: An einem kleinen Gemüsegarten führt die Fahrt der 39 091 mit ihrem Personenzug 1437 vorbei. Die Aufnahme entstand 1957 nahe des Niederwassertunnels im Schwarzwald (Foto: Bellingrodt/Slg. J. Bügel)

CIP-Einheitsaufnahme
Die Baureihe 39:
Die preußische P 10 – Schnellzugstar der Mittelgebirge /
Wolfgang Messerschmidt. – 1. Auflage
München: GeraMond Verlag, 1999
ISBN 3-932785-44-4
NE: Messerschmidt, Wolfgang

ISBN 3-932785-44-4

1. Auflage 1999

Lektorat: Rudolf Heym
Herstellung: Bodo Jaster
Druck: Graphische Betriebe Eberl GmbH, Immenstadt
Printed in Germany

Vorwort

Eine Begegnung mit der 1'D1'h3-Schlepptender-Lokomotive der preußischen Bauart P 10 (Reichsbahn-Gattung 39^{0-2}) gleicht einem spannungsreichen Treffen mit einem außergewöhnlichen Kapitel deutscher Dampflokomotivgeschichte.
Ein besonderer Akzent unseres Buches liegt sicherlich in der lebhaften und facettenreichen Darstellung der P 10-Projekte, ihrer Entwicklung und Kritik im eisenbahntechnischen Umfeld. So sind im Text auch die Dimensionen beibehalten worden, mit denen die Männer der Dampflok damals arbeiteten.
Wenn man auch die prächtigen 39er-Lokomotiven im letzten Jahrzehnt vor dem zweiten Weltkrieg gelegentlich vor dem L 19 „Riviera-Expreß" oder vor dem L 176 „Oostende-Köln-Pullmann-Expreß" dahinbrausen sah, war gut zu erkennen, daß man deswegen in jener Zeit noch längst nicht in eine „Modefalle" geraten war, um etwa einen neuen Dampflokomotiv-Stil (ähnlich der S 3/6) zu finden. Vielleicht sind August Meister und seine Crew über solche zwischen den bayerischen, württembergischen, sächsischen oder preußischen „Out-fits" liegenden Rangfolgen und „Katalogisierungen" erhaben gewesen. Natürlich wurde Borsigsches Design bevorzugt, aber es wurde keineswegs zum Ritual gemacht.
Die Techniker aus Borsigs „alter Garde" waren keine Dampflok-Formalisten, und eine seelenlose P 10 kam nicht in Frage. Freilich ging auch manches schief. Technische Grenzsituationen im Entwurf mußten beherrscht werden. Nur selten ist ein großartiger Dampflokomotiv-Entwurf unter technischen Routiniers und Eisenbahnfreunden so oft und so kontrovers diskutiert worden wie derjenige der P 10. Trotzdem ließ besonders ihre kraftvoll wirkende Konstruktion bereits einen Aufbruch in die neue „Reichsbahn-Welt" der Einheitslokomotive erkennen, wo sie es dann als Baureihe 39 zu Höchstleistungen brachte und nicht zuletzt ungezählten Modellbahnern zum „gewinnbringenden" Vorbild wurde.

Giengen, im Januar 1999

Wolfgang Messerschmidt

Inhalt

Das unverwechselbare Gesicht der P 10: Die 39 152 verläßt den Hauptbahnhof München

1. Eine großartige Einzelleistung

Mit dem ersten „Auftritt" der großen preußischen Reisezuglokomotive, Gattung P 10, zeichneten sich außergewöhnliche Perspektiven für die Lokomotiv-Entwicklung in Deutschland ab. Die P 10 warf Anfang der zwanziger Jahre viele theoretische und methodische Fragen auf, stieß auf heftige Kritik, setzte aber auch neue Maßstäbe in der betriebstechnischen Lokomotivbewertung.

Bei einer Reibungsmasse von 75,7 t überschritt das Dienstgewicht dieser Borsig-Lokomotive (ohne Tender) erstmals in Preußen die 100-Tonnen-Grenze. Mit ihren sechs Radsätzen konnten sogar noch die alten preußischen Weichen 1:7 mit 140 m Halbmesser und Ablaufberge mit 200 m Scheitelradius befahren werden.

Die Planung des Konstruktionsbüros in Berlin-Tegel ging so weit, der zu entwickelnden P 10 ein Leistungsprogramm zuzumuten, das die Beförderung einer Last von 950 t auf 10 Promille Steigung mit 22 km/h an der Reibungsgrenze bei voller Kesselanstrengung und Zylinderleistung vorsah. Die Dampfkessel- und Dampfmaschinen-Dimensionen sollten eine Zylinderleistung von 2300 PSi (1700 kW) hergeben. Allerdings konnte die später in der Reichsbahn-Achslast-Gruppierung der 19-t-Reihe zugeordnete P 10 (Baureihe 390-2) diese enorme Leistung wegen einiger vom Projekt abweichender Hauptdaten nicht ganz erreichen.

Aber nach manchen nachträglichen konstruktiven Verbesserungen sind während der thermischen Leistungsuntersuchungen immerhin etwa 2200 PSi erzielt und die ursprünglich, während der Projektierung veranschlagten 2300 PSi nur verhältnismäßig knapp verfehlt worden.

Ein idealisierendes Wunschdenken ließ sich im Lokomotivbau sowieso kaum durchsetzen. Obwohl die Projekt-Diskussionen und die sich mit der Ausarbeitung der Konstruktionszeichnungen beschäftigenden Besprechungsrunden manchen Konfliktstoff bargen, gelang mit der P 10 ein großer Wurf. Die letztlich mit vielen Vorbehalten erzielte Einigung und die daraus resultierenden Vertragsvereinbarungen bürdeten den Konstrukteuren und dem Lieferwerk zwar ein gerütteltes Maß an Verantwortung auf, aber trotz aller Kompromißlösungen gelang eine großartige Einzelleistung. Die P 10 ging, ohne vorausgegangenen Prototyp, sofort in Serie. Die Erfolgsaussichten standen gut.

Der deutsche Dampflokomotivbau operierte international, hatte also eine recht beachtliche Stellung auf dem Weltmarkt und befriedigende Marktanteile. Inwieweit die P 10 dazu beitrug, diese Position zu festigen oder gar zu erweitern, ist nicht bestimmbar. Export-Aussichten waren nicht von der Hand zu weisen, obwohl man im Ausland nach einem verlorenen Krieg zunächst unserer heimischen Technik nur Nachholbedarf, aber keine innovativen Erzeugnisse zutraute, die keinesfalls über Landesgrenzen hinaus wirkende Pläne fremder Fabriken und Bahnverwaltungen durchkreuzen oder beeinflussen hätten können. Mit der konventionelleren P 8, einem „Leichtgewichtler", gelang der Sprung ins Ausland. Aber bei ihr halfen die Reparationsforderungen als Initialzündung mit. Und die P 10 war in ihrer Radsatzbelastung ohnehin den zulässigen Brücken- und Oberbaubeanspruchungen vieler Bahnen zu sehr vorausgeeilt.

Im Inland kaum Traditionslinien

Fragt man nach den Entwicklungslinien, die die frühen zwanziger Jahre offenbarten, dann müßte man sich an den sächsischen und süddeutschen Studien, aber auch an der preußischen P 10 orientieren. Viele griffen zu weit voraus oder zeigten Trends, die mit ihnen eingeleitet wurden, aber nur noch nicht genügend fortgeschritten waren – etwa die vierfach ge-

Faszination P 10: Am 9. Juli 1956 hat die 39 196 ihren Zug von der Gäubahn herunter in den Stuttgarter Hauptbahnhof gebracht. Stuttgart und die P 10 blieben über vier Jahrzehnte untrennbare Begriffe

kuppelte Reisezuglokomotive, die Zunahme der Vereinheitlichung und die Ablehnung der doppelten Dampfdehnung bei der Deutschen Reichsbahn. Mit der P 10 entstand eine zeitweise ins Kreuzfeuer geratene Musterbauart, die eine willkommene Gelegenheit zu heißblütiger Kritik bot. Das Geschehen in der Lokomotiv-Entwicklung, bei dem jeder Federn lassen mußte, war ja durchaus nicht vom bloßen Alltagsbedarf an Triebfahrzeugen und Gewichtsklassen, sondern mindestens auch vom Wettbewerb, vom Lokomotiv-Angebot anderer und dem jeweiligen Stand der Technik abhängig, den auch kooperierende und konkurrierende Werke mitbestimmten.

Die P 10 war jedenfalls ein Zuwachs an praktischer Lokomotivtechnik und förderte das Selbstbewußtsein ihrer Konstrukteure – eine Voraussetzung für die Dynamik moderner, internationaler Lokomotiventwicklungen. Und so ist auch der aus einem Aufsatz in der Borsig-Zeitung Nr. 1 (1923/1924) herauszulesende Stolz der Tegeler Werker begreiflich:

„Aber von entscheidender Bedeutung bleibt doch das Verantwortungsgefühl der arbeitenden Menschen, das anerzogen oder gefördert wird in der Gemeinschaftsarbeit. …

Die Prüfung der Revisoren, die unsere jüngste P 10 (39 058) mit höchster Peinlichkeit untersucht haben, ist beendet. … Vom Stellwerk erhielten wir das Signal ‚Freie Fahrt'. Schneller und schneller läuft die P 10 – 50, 60, 70, 80, 90, 100 km/h sind erreicht. Wieder haben wir freie Fahrt, 100 km/h zeigt der Geschwindigkeitsmesser, 110 sind erreicht, die vorgeschriebene Leistung für die Abnahme, bald haben wir 115,

Während der 6. Beratung des engeren Ausschusses für Lokomotiven in Berlin vom 30. Juli bis 1. August 1923 besaß die Borsig-Nr. 11 000 die Betriebsnummer 17 002 und das runde K.P.E.V.-Emblem

dann 120 km/h. Zu meiner größten Verwunderung läuft die Riesenmaschine fast erschütterungslos, als ob man in einem gut gefederten D-Zugwagen säße. ..."

Stolzer Ansatz ohne Folgen

Das war sie also, die P 10 aus der Sicht eines Werkzeitungsredakteurs. Sie war zweifellos ein grandioser konstruktiver Ansatz, den man im Reichsbahn-Zentralamt mit dem Weiterbeschaffungsprogramm neuer Reisezug-Einheitslokomotiven leichtsinnig „verpuzzelte". Die Erinnerung an die Debatten über einen deutschen typisierten Schnellzuglokomotiv-Vierkuppler und dessen Ablehnung sind Legende.

Die vertane Notwendigkeit hatte sich später bitter gerächt, und leider gab es keinen wirksamen und geprobten Aufstand gegen Engstirnigkeit und subjektiv geprägte Aversionen. Die vergeblichen Zustimmungen einiger Reichs- und Bundesbahner zum Bau von leistungsfähigen Vierkuppler-Reisezuglokomotiven galten bereits im Ansatz als deklassiert. Die Warnung mancher Lokomotivfabrik, einen „Schildbürgerstreich" zu begehen, verhallte leider ohne Echo.

Noch heute spricht man von der preußischen P 10. Das K.P.E.V.-Adler-Emblem der 17 002 (39 002) ist jedoch längst vergessen

Das Gestaltungskonzept im Einheits-Typenplan sah anderes vor, wenngleich ausländische Bahnverwaltungen und deutsche Export-Lieferungen bessere Beispiele gaben. Und hier sei dem Autor eine Spekulation erlaubt: Angenommen, der Plan einer „strategischen Öff-

Von der P 8 zur P 10: Beide waren auf ihre Art unentbehrlich und unverwechselbar. 1950 donnern 39 068 und die 38 3219 in Wuppertal-Elberfeld gemeinsam los

nung" des Einheitslok-Programmes wäre mit der P 10 geglückt, dann hätte uns das zunächst als Abenteuer erscheinende Experiment eine starke Hügelland-Schnellzuglok hoher Achsfahrmasse, wie die Reichsbahn-Elektrolokomotiven E 16, E 17, E 18 und E 19, ebenfalls mit 1D1-Achsbild, beschert. Die statt dessen bevorzugten 2C1-Einheitslokomotiven wären in ihre Schranken, nämlich vor mittelschweren Schnellzügen im Flachland zu fahren, verwiesen worden.

Man kann lange darüber streiten, wie zufällig und wie notwendig solche hypothetischen Betrachtungen sind. Zum Aufzeigen vertaner Chancen und historischer Trends sind sie allemal gerechtfertigt. Schließlich war mancher verantwortliche Konstrukteur und mancher Reichsbahn-Beamte ein recht antriebsschwacher Motor. Die 1D1-Einheits-Schnellzuglokomotive blieb eben leider ein papierner Traum. Dafür gewann unsere P 10 in Eisenbahnerkreisen, zwar zunächst nicht ganz uneingeschränkt, und unter Eisenbahnfreunden allmählich an Prestige. Und die P 10 wurde und war dann Zeit ihres Lebens ein sehr beliebtes und in ihrer Erscheinung recht dankbares Fotografierobjekt, dem sich die Lokomotivlichtbildner nicht entziehen konnten. Da gab es nicht nur die mehr oder weniger obligatorischen Werksaufnahmen mit Führer und Heizerseite, mit Stirnseiten- und Triebwerkblick.

Für herrliche Aufnahmen der P 10 vor Zügen in der Landschaft oder in Bahnhöfen, auch während der Behandlung in den Bahnbetriebswerken, garantierten Carl Bellingrodt, der dem Autor manches faszinierende Postkartenfoto

Die Kesselleistung der P 8 wäre um ein Drittel zu steigern gewesen. Aber ein größerer Dampferzeuger und die notwendige Reibungsmasse konnten nur mit einem Vierkuppler bewältigt werden

zur freien Verwendung überließ. Carl Bellingrodt war es auch, der oft frühmorgens mit seiner Fotoausrüstung im taufrischen Gras einen Bahndamm herabrutschte, um seiner Foto-Leidenschaft gerecht zur werden. Werner Hubert, auch Alfred Ulmer, der die lokomotivtechnischen Zeugnisse jener Jahre der P 10 besonders im Großraum Stuttgart, oft im Rohrer Wald, fotografisch einfing, waren Könner ihres Fachs, von denen ungezählte Bilder in unsere Tage hinübergerettet werden konnten und heute bewundert werden. Rudolf Kreutzer, der am 22. Oktober 1943 in Kassel einem Fliegerangriff zum Opfer fiel, hatte die P 10 selbstverständlich genauso im Repertoire wie das Verkehrszentralamt der Deutschen Studentenschaft an der Technischen Hochschule Darmstadt mit Hermann Maey als treibender Kraft. Mit Dankbarkeit sei auch an die vielen anderen Meister ihres Faches, darunter Rudolf Kallmünzer und Werner Contius, an die Aufnahmen und Sammlungen von Günther Scheingraber, Albert Mühl sowie der Feißels in Hanau erinnert.

Sicherlich waren es nicht immer die konventionellen „künstlerischen" Aufnahmen. Mitunter sahen wir sie in gewollt oder ungewollt aufgelösten Konturen, teils noch mit Glasnegativen aufgenommene oder reproduzierte Bilder. Ganz im Gegensatz zur verbreiteten Populär-Fotografie massenhaften Bildmaterials warteten Könner unseres Metiers mit lichtbildnerischen Darstellungen der klassischen Lokomotivtechnik auf.

Unter allen früheren Lichtbildnern ist es diesen berühmten Lokomotivbild-Fotografen wohl am überzeugendsten gelungen, auch die P 10 verblüffend betriebsnah im Technikfoto zu dokumentieren. Später hatten Gerhard Illner, Herbert Stemmler, Ralf Roman Rossberg, Arnold Müll, Walter Reichelt, Karl-Ernst Maedel, René Delie, Brian Stephenson und, bei aller Bescheidenheit, der Verfasser selbst der P 10 mit der Lokomotivfotografie ein Denkmal gesetzt. Viele Fotos sind in ungezählten Bildbänden, Dokumentationen und Zeitschriften veröffentlicht und bekannt geworden.

Unser vorliegender Dampflokband enthält – außer den fast obligatorischen Ablichtungen – jedoch eine große Zahl noch unbekannter oder nur wenig gesehener Fotos, um das historische Bild der Aktivitäten aus dem Leben der P 10 angemessen zu vertiefen.

Die 39 199 erklimmt 1932 zusammen mit einer weiteren 39er die Steigung im Rohrer Wald bei Stuttgart. Gestochen scharf das „Gesicht" der Lok, verschwommen wie in der Erinnerung die Konturen der Landschaft – so gekonnt setzte Alfred Ulmer Lokomotiven ins Bild. Sein Schaffen, ja sein Lebenswerk ist auch mit der P 10 untrennbar verbunden

2. Auftakt im Jahre 1919

Schon gleich nach dem ersten Weltkrieg befreundeten sich die Preußischen Staatseisenbahnen mit Vorschlägen zur Entwicklung einer vierfach gekuppelten Reisezug-Lokomotive, deren Rostfläche mit mindestens vier Quadratmetern der Qualität der damals zur Verfügung stehenden geringerwertigen Kohle gerecht werden mußte. Die Borsigschen Konstrukteure um August Meister brachten im Jahre 1919 ihre ersten diesbezüglichen Projektzeichnungen und einen konkreten Entwurf zur P 10 zu Papier. Man dachte in Preußen an die Beförderung von Anhängelasten in der Größenordnung von 550 bis 600 t mit 90 km/h in der Ebene. Mit solchen schweren Zügen sollten auf 10-Promille-Rampen noch mindestens 30 bis 40 km/h gefahren werden. Es ging also um Schleppleistungen, die man der fast 15 Jahre früher entwickelten P 8 nicht mehr zumuten konnte.

August Meister (1873–1939) zeichnete maßgeblich für den P 10-Entwurf verantwortlich

Die nun nach dem verlorenen Krieg erzwungenen Restriktionsmaßnahmen verzögerten die notwendigen konstruktiven und für die Beschaffung relevanten Entscheidungen. Die schleppende Behandlung des anzuwendenden Prinzips der Vierzylinder-Verbund-Maschine oder des Drillingstriebwerks mit einfacher Dampfdehnung verlangsamte sich auch deshalb, weil die organisatorische Zusammenführung der seitherigen Länder-Eisenbahnverwaltungen zu einer gemeinsamen Deutschen Reichsbahn eingeleitet war und noch Anlaufschwierigkeiten zu überwinden hatte.

Die noch junge Reichsbahn engte den Spielraum der Borsig-Konstrukteure schon vom Start weg ein. Um das konstruktive Konzept zu bündeln, mußten erst einmal die „Reibungsflächen" abgebaut werden. Und mitunter sah es so aus, als ob August Meister und seine Konstrukteure mit ihren Anschauungen auf mangelndes Verständnis stießen.

Das Vorgehen war recht zeitraubend und man hatte seine Probleme, bis sich August Meister mit dem Eisenbahn-Zentralamt Berlin, in dieser Frage vertreten durch Hinrich Lübken, auf die konstruktive Ausarbeitung einer 1'D1'h3-Lokomotive einigte.

Hinrich Lübken (1856 – 1933) war nach Robert Garbes Ausscheiden im Jahre 1912 zu dessen Nachfolger und zum Mitglied des Zentralamtes ernannt worden. Lübkens berufliche Stationen führten über die Königliche Eisenbahndirektion Elberfeld zum Maschineninspektor bei der Kaiserlichen Generaldirektion der Reichseisenbahnen in Elsaß-Lothringen und über die Ernennung zum Baurat (1903) schließlich nach Berlin zum Preußischen Eisenbahn-Zentralamt (1909). 1923, ein Jahr nach Erscheinen der ersten P 10, ging Hinrich Lübken, inzwischen Regierungs-Oberbaurat, in den Ruhestand, nachdem er zuvor noch sein Gedankengut in die Entwicklung der frühen Reichsbahn-Einheitslokomotiven eingebracht hatte. Lübken, so läßt sich heute nachvollziehen, hat besonders die Dreizylinder-Lokomotiven, darunter die S 10^2 als erste preußische Dreizylinder-Schnellzuglok-Regelbauart, die G 12, die G 8^3 und unsere P 10, geschätzt und gefördert.

Preußisch oder Reichsbahn?

Als bei Borsig die ersten Lokomotiven der preußischen Gattung P 10 „aufgelegt" wurden, begannen bereits die vorbereitenden Arbeiten zur Entwicklung der Reichsbahn-Einheitsloko-

A. BORSIG – BERLIN - TEGEL.

Borsig - Lokomotiven

Hauptabmessungen der 11000. Lokomotive
am 8. April 1922 abgeliefert.

a) Lokomotive

Zylinderdurchmesser	520 mm
Kolbenhub	660 mm
Treibraddurchmesser	1750 mm
Dampfüberdruck	14 at
Rostfläche	4 qm
Verdampfungsheizfläche	221 qm
Ueberhitzerheizfläche	82 qm
Gesamtheizfläche	303 qm
Leergewicht	ca. 101 t
Reibungsgewicht	ca. 77,7 t
Dienstgewicht	ca. 112 t
Zulässige Höchstgeschwindigkeit	120 km/Std.

b) Tender

Wasservorrat	31,5 cbm
Kohlenvorrat	7 t
Leergewicht	ca. 26,4 t
Dienstgewicht	ca. 64,9 t

Der Stolz der Firma Borsig auf die nagelneue P 10 ist auch aus dieser Ansichtskarte ersichtlich. Zwischen der „Beuth" von 1844 und der „Elberfeld 2811" von 1922 liegen Welten in der konstruktiven Entwicklung der Dampflokomotive

motiven. Im Reichsverkehrsministerium leitete man am 28. Januar 1921 die Diskussionen über ein ganz neues Lokomotivprogramm ein, und zwar mit den Fragen nach einer Gattungsauswahl aus dem Altbestand, nach den zu bevorzugenden Entwicklungsaufträgen für Neubauten und nach fortschrittlicher Lokomotivgestaltung. In jenen Monaten des reifenden Zusammenschlusses der Länder-Eisenbahnen bestand zur vorläufigen Planung vorrangiger dampflokomotivtechnischer Entscheidungen des Reichsverkehrsministeriums schon ein sogenannter Fachausschuß für Lokomotiven, dem führende Vertreter aus Konstruktion, aus Betriebs- und Erhaltungsdienst der Preußisch-Hessischen Staatseisenbahn-Verwaltung, der Königlich Sächsischen und Württembergischen, der Großherzoglich-Badischen, Oldenburgischen und Mecklenburg-Schweriner Verwaltungen, sowie erstmals seit September 1920 auch des bayerischen Eisenbahnbereichs angehörten.

Die gesamte Neugliederung und Umwandlung der Ländereisenbahnverwaltungen in Generaldirektionen und Direktionsbezirke brachte für den Fachausschuß eine Schrittmacher-Funktion und eine Folge neuer Beratungen, wobei schon in der ersten Aprilhälfte des Jahres 1921 die erste Niederschrift des neuen Ausschusses unter der Firmierung „Deutsche Reichsbahn" vorlag. Der Begriff „Niederschrift", den man bis in die Zeit der fünfziger Jahre für die Beratungen der Dampflokomotiventwicklung des Technischen Gemeinschaftsbüros (TGB) und der Deutschen Bundesbahn (DB) beibehalten hatte, stand eigentlich für das Wort „Sitzungsbericht". Es drückte sich in diesen Schriftsätzen allmählich eine technisch-historische Protokollarbeit aus, weil im Gesamtwerk der Niederschriften alle Beratungen, Diskussionen, Denkanstöße und Entwurfsgedanken zu den Reichs- und Bundesbahn-Dampflokomotiven sowohl verbal als auch graphisch (mit zeichnerischen Anlagen) unter spezifizierter Nennung der verantwortlichen Sitzungsteilnehmer enthalten waren.

Die Vorbereitung spezifischer Einzelfragen neu zu schaffender, vereinheitlichter Dampflokomotiven wurde vom Reichsverkehrsministerium einem besonderen Arbeitskreis übertragen, der sich „Engerer Ausschuß für Lokomotiven zur Vereinheitlichung der Lokomotiven" (kurz „Engerer Lokomotiv-Ausschuß") nannte und im Mai 1921 in Oldenburg erstmals tagte. Die

Die P 10 mit der Fabriknummer 11 000: Oben steht sie am 8. April 1922 noch in der Richthalle, unten vor dem bekannten Tor des Borsig-Werkes in Berlin-Tegel. Aus ihr wurde die 39 002

Die Zeichnung von Peter König vermittelt einen Eindruck, wie es in den dreißiger Jahren ausgesehen haben mag, wenn eine P 10 – hier die Schweinfurter 39 232 – nach Gehlberg zum Brandleitetunnel empordampfte. Unten: Im Bahnbetriebswerk Ulm wendet im Juni 1962 die zum Bw Augsburg gehörende 39 153

Die Südseite der Thüringer-Wald-Rampe in Suhl: Über den Dächern der Stadt bullert im Drillingstakt eine P 10 mit einem Schnellzug empor. Unten: Die 39 023 legt sich im Sommer 1958 in Mannheim in den Bogen, im Hintergrund das Schloß

1923 hatte Borsig mit der Fabrik-Nr. 11 627 die 17 016 abgeliefert. Die Lok kam mit vielen anderen Schwestermaschinen zum Bw Erfurt P, das damit zu einem klassischen Beheimatungsort für die Baureihe wurde

Lokomotivfachleute der ehemaligen Länderbahnen berieten damals unter dem Vorsitz des Reichsbahn-Zentralamtes Berlin.

Die erste P 10 wird fertig

Während die Spezialisten mit geteilten Meinungen zunächst darüber debattierten, welche der bewährten Länderbahnlokomotivgattungen gegebenenfalls beibehalten und unter dem Gesichtspunkt einer konstruktiven Typisierung fortentwickelt werden könnten, war die Fertigung der P 10 in Berlin-Tegel bereits in Gang gesetzt worden. Der 8. April 1922 galt als Premierendatum, das mit der Lok „Elberfeld 2811", der späteren 39 002, und der zugeordneten Fabriknummer 11 000 festgeschrieben wurde. Das Fabriknummernbuch nennt den 12. April 1922 als Tag der Auslieferung.
In die großartige neue Vierkuppler-1'D1'-Reisezuglokomotive setzte man besonders große Erwartungen, wobei Borsig zuversichtlich

Auch die 17 014 war zuerst eine Erfurterin. Das 1923 aufgenommenen Foto zeigt sie vor einem D-Zug irgendwo in Thüringen, den genauen Ort kann man leider nur erahnen: Entweder ist das Bild südlich von Arnstadt im Plaueschen Grund auf dem Weg in Richtung Schweinfurt oder aber im Werratal hinter Eisenach gemacht worden

Die erste 1923 gelieferte P 10 war die 17 011 (Borsig, Fabrik-Nr. 11 622). „Luftleitbleche“ nannte man damals noch die Konstruktion rechts und links der Rauchkammer

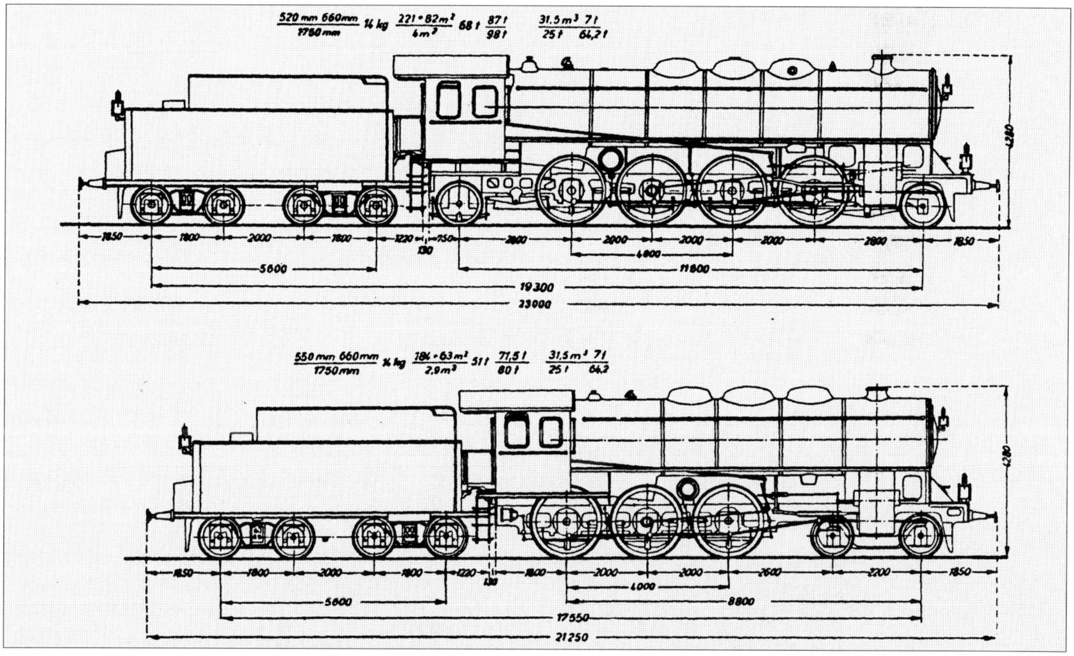

1921 hatte Borsig auf Anregung des Reichsbahn-Zentralamtes einen Einheitslok-Typenplan aufgestellt. Die 1'D1'-Lok besaß nun eine Vierzylinder-Verbundmaschine. Das Vorhaben scheiterte

hoffte, die eigene Neuschöpfung als willkommene Basis in das Reichsbahn-Einheitslok-Typenprogramm einbringen zu können. Aber die einsetzenden Diskussionen waren schon gleich überschattet vom Meinungsstreit über die zu bevorzugende Radsatzfolge der Schnellzuglokomotiven. Sollten sie als 2'C-, 1'D1'- oder als 2'C1'-Maschinen in die Zukunft fahren? Friedrich Witte, damals noch Student, erinnerte sich: „... denn wenn man sich bei den Schnell-

Oben: Einen schönen Vergleich zwischen beiden Windleitblech-Varianten macht diese Aufnahme aus dem Bw Köln-Deutzerfeld möglich. Unten: 1962 entstand das Bild der 39 221, die gerade ihren Zug im Hauptbahnhof Frankfurt (Main) in Bewegung setzt

Oben: Im Bw Köln-Deutzerfeld setzt die 39 257 um. Das Bild verdeutlicht anschaulich die schwierige konstruktive Situation am Stehkessel, dessen Vorderteil zwischen die Kuppelradsätze eingezogen ist – was manchen Heizer zum Fluchen brachte. Unten wartet die 39 196 im Hbf Stuttgart des Jahres 1961

Die Heizerseite der zwischenzeitlich mit Windleitblechen ausgerüsteten 39 001

Lieferer der P 10-Lokomotiven (DR 39^{0-2})		
39 001 – 010	Borsig	1922
39 011 – 022	Borsig	1923
39 023 – 030	Henschel	1923
39 031 – 038	Borsig	1923
39 039 – 050	Henschel	1923
39 051 – 060	Borsig	1923
39 061 – 070	Henschel	1923 – 1924
39 071 – 082	Krupp	1923 – 1924
39 083 – 115	Borsig	1924
39 116 – 131	Hanomag	1924 – 1925
39 132 – 171	Henschel	1924
39 172 – 186	Linke-Hofmann	1924
39 187 – 193	Borsig	1924
39 194 – 196	Hanomag	1925
39 197 – 198	Linke-Hofmann	1924
39 199 – 209	Karlsruhe	1924
39 210 – 217	Henschel	1924
39 218 – 230	Karlsruhe	1924
39 231 – 247	Krupp	1926
39 248 – 260	Borsig	1926 – 1927

Die Urheberfirma Borsig in Berlin-Tegel hatte sowohl die Erstlieferungen als auch die Schlußvergabe besorgt und den Löwenanteil am Gesamt-Bestellumfang:

Borsig	93
Henschel	78
Krupp	29
Karlsruhe	24
Hanomag	19
Linke-Hofmann	17
Summe	260

zuglokomotiven über die Achsanordnungen stritt, stand mitten im Problem, ob es richtig war, durch Übergang von der 2C zur 2C1 zwar die Kesselgröße zu steigern, ohne an Reibungsgewicht beziehungsweise Zugkraft etwas zu gewinnen. Schon hier tauchte die immer wieder akut gewordene Frage auf, ob es nicht richtiger sei, statt einer Laufachse besser eine zusätzliche Kuppelachse, also die Achsanordnung 1D1 vorzusehen. Es ist eigentlich bedauerlich, daß man dem Vierkuppler, den man anfangs als unbedingt notwendig bezeichnete, später nicht seinen Platz unter den ausgesprochenen Schnellzuglokomotiven einräumte, denn damals begab man sich von vornherein des großen Vorteils einer starken Anfahrbeschleunigung, deren Fehlen dann gern den Dampflokomotiven als Nachteil vorgehalten wurde."

Trotzdem ist in einer ersten Auswahl von „Reichsbahn-Lokomotiven" ein 1D1-Personenzuglokomotivtyp nach Muster der P 10 zu finden. Den Ausgangspunkt der skizzenhaften Entwicklung bildete ein auf Anregung des Zentralamtes Berlin von Borsig aufgestellter Typenplan, der natürlich die 1'D1'-Reisezuglokomotive enthielt. Allerdings war an nur 17 t Achsfahrmasse und nicht an die Beförderung von Flachland-Schnellzügen gedacht.

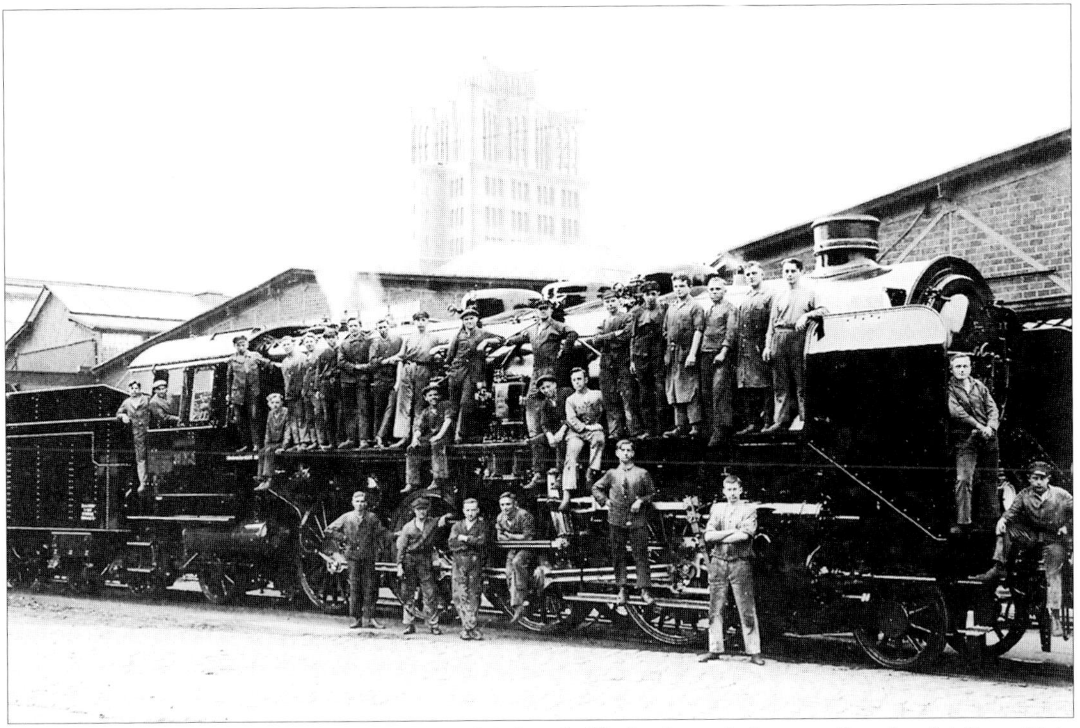

Die 39 248 (Borsig-Fabrik-Nr. 11 808) ist betriebsbereit. Werkmänner haben zur Paradeaufstellung Platz genommen. Im Hintergrund lugt das Borsig-Hochaus hervor

Aber die 1'D1'-(Mikado-)Einheitslokomotive für den Reisezugdienst hatte bei der Reichsbahn keine Chance. Das Vorhaben wurde zerredet, sicherlich auch mit dem Hinweis auf die eben erst erschienene, brandneue P 10, die man ja schließlich noch bis 1927 weiterbauen ließ.

Offen bleibt, was August Meister wirklich dachte, und ob er in seinem Innersten auch allen seinen Mitstreitern und „1'D1'-Widersachern" gewachsen war. Mit seinem Typenplan-Entwurf und auch mit der P 10 gab er allemal wichtige Impulse. August Meister gehörte jedenfalls zur hochgelobten Elite deutscher Lokomotivkonstrukteure, obwohl er eigentlich Autodidakt war und gelegentlich von der Autorität und Funktionslust anderer eine nicht zu unterschätzende Gegnerschaft spüren mußte.

Als auf Anregung des Reichsbahn-Zentralamtes Berlin die Borsigsche Lokomotivfabrik das als Vorschlag dienende erste Einheitslokomotiv-Typenprogramm aufstellte, waren sowohl die planerischen und zeichnerischen Empfehlungen für eine 1'D1'-Bauart, das Abbild der P 10, als auch eine 2'C als genormte P 8-Fortentwicklung enthalten. In beide Gattungsentwürfe sollten, in erster Linie unter süddeutschem Einfluß, auch die Vierzylinder-Verbund-Varianten mit einbezogen werden.

Der Lokomotiv-Ausschuß widersprach schon sehr bald. So schied die Verbundwirkung nach verhältnismäßig kurzer Zeit aus der Serienentwicklung aus, während Zwilling und Drilling die entscheidenden Rollen spielten.

Aber über die 2'C und die 1'D1' wurde recht schnell ein Urteil gefällt, das Langzeitfolgen hatte: Die Reisezuglokomotiven beider Radsatzfolgen fielen aus dem Beschaffungsprogramm für Reichsbahn-Einheitslokomotiven heraus! Insofern zeigte sich eine gewisse Gemeinsamkeit in einer entscheidenden Episode auf dem Schicksalsweg beider preußischer Maschinen.

Oben: Die 39 073, hier aufgenommen in Stuttgart West, war von 1963 bis zu ihrer Ausmusterung 1966 im Bw Stuttgart stationiert. Unten: Bei Markelfingen kommt uns am 2. September 1964 der E 593 mit der 39 148 entgegen. Ein Jahr später wird man die Lok im Bw Stuttgart ausmustern

Bilder vom Juni 1965. Oben: Die 39 149 war von 1963 bis zu ihrer Ausmusterung im Herbst 1966 im Bw Stuttgart. Unten: Genau 20 Jahre lang, von 1946 bis 1966, gehörte die 39 231 zum Stuttgarter Bestand. Hier hat sie im Stuttgarter Hauptbahnhof mit einem kurzen Personenzug noch einige Zeit bis zur Abfahrt

Ungefähr so hätte die P 10 aussehen können, wenn man die P 8 weiterentwickelt hätte: Achsfolge 2'D, mit zwei Zylindern. Die 46 008 der Türkischen Staatsbahn hatten Krupp und Henschel 1926 geliefert

Die Gründe für das Vorgehen der Reichsbahn-Dienststellen waren freilich grundverschieden: Die P 8 hatte nämlich bereits derart große Lieferzahlen und einen so großen Einsatzbestand erreicht, daß man sie im Betriebsdienst nicht einfach ignorieren und durch eine neukonstruierte Einheitsbauart ersetzen konnte, zumal die P 8 sich als eine ziemlich universell verwendbare Lokomotive entpuppte.

Andererseits war die jüngere und größere P 10 als moderne Drillingslokomotive gerade erst in die Bahnbetriebswerke gekommen. So konnte sie ohne schwerwiegende Bedenken für den ihr zugedachten Einsatzzweck noch mehrere Jahre der Lokomotiv-Industrie in Auftrag gegeben werden. Die deutsche Eisenbahnverwaltung hatte ihre Argumente: Ein recht bedeutender Teil des Zugförderungsprogramms im schweren Schnell-, Eil- und Personenzugdienst konnte von den ab 1925 gelieferten 01-Lokomotiven und der vorhandenen P 10 allein bewältigt werden, so daß ein neuer 2C-Typ nach Muster der P 8 oder eine typisierte 1'D1' als „bereinigte P 10" für den beschleunigten Reisezugdienst auf Hauptstrecken zunächst nicht angezeigt war. Und die ohnehin knappen finanziellen Zuweisungen zur Bestellung neuer vereinheitlichter Dampflokomotiven zwangen zur Zurückhaltung.

Man wollte dem Vorschlag, in allen Einzelheiten weitgehend übereinstimmende Zeichnungen für eine typisierte P 8 und eine ebensolche P 10 zu schaffen, nicht folgen. Das Zentralamt befürchtete damals die Einführung neuer Spielarten, bevor die eigentlichen Einheitslokomotiven überhaupt in Dienst gestellt werden konnten.

Die P 8 vergrößern?

Die Idee der Einheitsbaumuster, des Austauschbaues und des Baukastensystems gab es natürlich schon in der ersten P 10-Entwicklungsphase des Jahres 1919. Die Konstrukteure dachten allen Ernstes daran, die bewährte P 8-Lokomotive durch Anfügen eines zusätzlichen Kuppelradsatzes zu verlängern, um einen größeren Kessel unterzubringen und ein aufgestocktes Reibungsgewicht zu ermöglichen, das zur Entwicklung gesteigerter Zugkräfte und bester Anfahrbeschleunigung gebraucht wurde. Aus dieser Sicht hätte also die P 8 durchaus eine Basiskonstruktion für die neue P 10 sein können.

Eine Nachbeschaffung der sächsischen XX HV, Baureihe 19^0, wurde nach längeren Erörterungen abgelehnt. Die Wahl fiel auf die P 10, die als Drilling in Beschaffung, Wartung und Unterhaltung billiger erschien

Erste Überschlagskalkulationen machten deutlich, daß ein entsprechend verlängerter Kessel mit einer zwischen die Kuppelräder hinabreichenden Feuerbüchse gegenüber dem P 8-Dampferzeuger ungefähr 20 Prozent Mehrleistung hergegeben hätte. Das Reibungsgewicht hätte um 38 Prozent zugenommen. Unter Nutzung der Zugkraft mit Spitzenleistung nahe an der Schleudergrenze erschien der vergrößerte P 8-Kessel zu klein und ohne genügende Kesselreserve. Es war dabei außerdem noch zu berücksichtigen, daß nach 1918 die für Lokomotivfeuerungen unübertreffliche oberschlesische Kohle auf längere Sicht nicht mehr zur Verfügung stand und deswegen mit minderer Brennstoffqualität gerechnet werden mußte. Der P 10-Kessel konnte demnach keine P 8-Variante sein und verlangte nach einer anderen Konzeption.

Trotzdem hat die P 8 einige ihrer Baugrundsätze weitervermittelt. Gemeint sind zum Beispiel die damalige Grundform des Rauchrohr-Überhitzers, die mit 1750 mm dimensionierten Kuppelraddurchmesser, die durchgehende Kolbenstange und die Anwendung der einfachen Einströmung. Dagegen wurden der Blechrahmen und der verhältnismäßig niedrige Kesseldruck von 12 kg/cm^2 für die P 10 nicht übernommen. Beträchtliche Unterschiede wiesen auch die Verhältnisse von Heizfläche H, Rostfläche R und Feuerbüchsheizfläche HF auf.

Die Gegenüberstellung zeigt es:

	P 8	P 10
H/R	54	55
HF/R	5,5	4,4
H/HF	9,7	12,5

Die „verlängerte P 8" als 2'D-Bauart war nicht ratsam. Das Konzept scheiterte. Borsig und August Meister einerseits und Hinrich Lübken als Dezernent des Eisenbahn-Zentralamtes andererseits einigten sich auf ein vorderes Krauss-Helmholtz-Gestell und einen nachlaufenden Bissel-Radsatz, so daß die 1'D1'-Achsfolge herauskam und die P 8-Erscheinungsform völlig verlassen wurde.

Die P 10, die später im Streckennetz eines Gebietes eingesetzt wurde, das von der Ostsee bis zum Bodensee und vom Saarland bis nach Breslau reichte, glich viel eher einem Basis-Konzept der nachfolgenden Einheitslokomotiven. Aber, wie so oft, der Schein trügt auch hier: Der Stehkessel-Entwurf sah anders aus, als es die Einheitsbauweise vorschrieb. Von dem bei der P 10 nach Alfred Belpaire (1820 – 1893) ein-

Die 39 148 des Bahnbetriebswerkes Stuttgart im Juni 1965. Oben die Lokführer-, unten die Heizerseite des Triebwerkes. Auf dieser Seite wurde die Schieberbewegung für den Innenzylinder von der dritten Kuppelachse abgeleitet, was dort eine doppelt gekröpfte Gegenkurbel erforderte. Die Steuerung der Bauart Borsig-Winterthur (Schwinge sitzt auf Steuerwelle) hatten bis auf die 39 230 alle 39er

Hier die Lokführerseite der 39 230, aufgenommen am 20. September 1963 in Villingen. Gut zu erkennen ist der völlig andere Aufbau der Steuerung mit Hängeeisen

geführten Stehkessel mit waagerechter oder nur ganz schwach gewölbter Decke versprachen sich die Kesselkonstrukteure einen möglichst geräumigen Dampfraum über der Feuerbüchsdecke und bedeutend praktischere Anordnungen der Blech-, Quer- und Längsanker sowie der Deckenstehbolzen.

Konkurrentin und Vorbild: Die sächsische XX HV

Die Borsig-Ingenieure profitierten außerdem auch von der Lokomotivtechnik der sächsischen 1'D1'h4v-Schnellzuglokomotive XX HV (Baureihe 19^0). Und sehr wahrscheinlich ging die gewählte 1'D1'-Radsatzfolge auf die Vorbildfunktion des sächsischen Vierkupplers zurück, ohne auf Robert Garbes Ansichten Rücksicht zu nehmen. Auch der P 10-Kessel war nicht nach Garbes Geschmack. Während der Präsentation der elftausendsten Borsig-Lo-

Als Schlepptenderlok fuhr die P 10 meist vorwärts, da genügte eigentlich die Hängeeisenausführung

Eine Zeitgenossin der P 10 – ein anderer Stil: Die fabrikneue S 3/6 Nr. 3706 des Baujahres 1924 aus dem Hause Maffei, später 18 508. In Bayern gab es großartige Projekte für aus ihr abgeleitete Vierkuppler

komotive hieß es: „Der Hinterkessel ragt mit seinem rückwärtigen Teil seitlich über den Rahmen hinaus und ist in seiner vorderen Partie zwischen die hinteren Kuppelräder eingezogen. Im mittleren Teil des Rostes ist eine Gruppe der Roststäbe als Kipprost ausgebildet. Auf dem Überhitzerkasten ist ein Luftsaugeventil angebracht. Bei der Leerfahrt wird die angesaugte Luft im Überhitzerkasten erwärmt und verhütet so die Abkühlung der Zylinder. Die Bremse wirkt auf alle gekuppelten Räder von vorn und bremst 170 Prozent des Reibungsgewichts der betriebsfähigen Lokomotive."

In ihrer Grundsatz-Konzeption hatten die P 8 und die P 10 also nicht allzu viele Gemeinsamkeiten. Das sagt uns übrigens ein weiterer Vergleich: Die wirtschaftliche Fahrweise, also unter voller Inanspruchnahme der Kesselleistung zu fahren und damit in kürzester Zeit die Plangeschwindigkeit zu erreichen, wurde bei beiden Lokomotivgattungen mit ganz verschiedenen Füllungen vorgeschrieben. Die von der Deutschen Reichsbahn den Lokomotivpersonalen ausgehändigten Tabellen gaben an, welche Füllung bei den verschiedenen Fahrgeschwindigkeiten der Kesselgrenzleistung entsprach. Das war für die Lokomotivführer besonders dann wichtig, wenn es galt, bei Verspätungen die kürzesten Fahrzeiten in wirtschaft-

Der Kesselgrenzleistung zugeordnete Füllungsgrade

Geschwindigkeit	Füllungsgrade in Prozent	
	38^{10-40}	39^{0-2}
km/h	P 8	P 10
40	46	41
50	43	36
60	40	33
70	37	32
80	36	29
90	34	27
100	34	27
110	–	27 1)

1) Regler um 1 bis 2 kg/cm^2 Dampfdruck gedrosselt

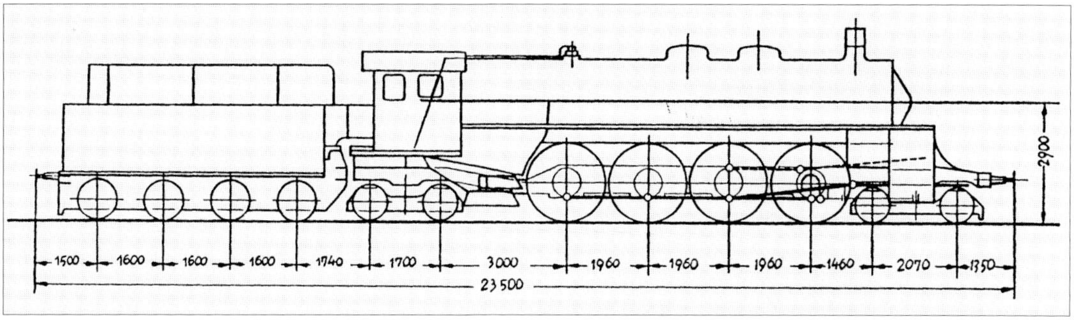

Der Entwurf Georg Lotters für einen Vierkuppler S 4/8 für die Bayerische Staatsbahn von 1919

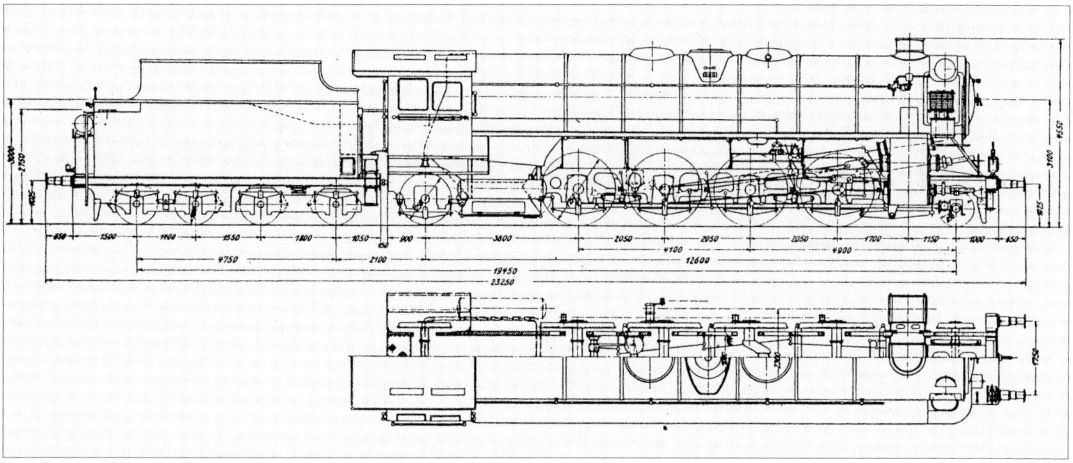

Der Entwurf einer 1'D1'h3-Personenzuglokomotive gemäß Einheits-Typenplan der Reichsbahn von 1924/1925. Der Treibraddurchmesser sollte 1750 mm betragen, der Kessel war mit dem 2'C1'-Entwurf identisch

licher Fahrweise herauszuholen. Die Unterschiede zeigt die Zahlentafel auf Seite 32.

Wie schon Robert Garbe bei der P 8 hatten auch die Väter der P 10 zunächst an höhere zulässige Geschwindigkeiten gedacht, um einen zukunftsorientierten Schnellzugdienst zu gewährleisten. Für die P 8 ließ man aus betriebstechnischen und sicherheitsrelevanten Gründen nur 100 km/h (statt 110 oder 115 km/h) als obere Geschwindigkeitsgrenze zu. Und die P 10 war in ihrer Erstausführung während der Übergabe 1922 an die Deutsche Reichsbahn noch mit 120 km/h Höchstgeschwindigkeit ausgewiesen worden. Aber die Betriebsdienststellen setzten sie auf 110 km/h zurück.

Solche und ähnliche Bemessungsgrundsätze, beispielsweise auch das Maß der Heizflächenbelastung mit 57 kg/m²h, überlebten manchmal die daran mitarbeitende Generation. Natürlich hing das auch mit der Langlebigkeit der Dampflokomotive überhaupt zusammen. Die P 10 und sogar die ältere P 8 überstanden Wirtschaftskrisen, den zweiten Weltkrieg und die Währungsreform, darüber hinaus die Dampflok-Neubauprogramme der DB und der DR in der DDR.

Drei oder Vierkuppler? Beschlüsse am Scheideweg

Mut zu Neuem bewiesen mehrere Lokomotivfabriken, als es darum ging, erfolgversprechende Vierkuppler anstelle der Dreikuppler für

Die Schweinfurter 39 238 legt sich 1929 in den Bogen an der Kugellagerfabrik SKF. Am Haken hat sie einen D-Zug nach Erfurt, den sie nun über den Thüringer Wald bringen muß

den schweren Reisezugdienst zu entwickeln. Angespornt von den guten Resultaten ausländischer Bahnverwaltungen und vom Beispiel der Hartmannschen Sachsen- und der Borsigschen Preußen-Mikado-Bauart, beschäftigten sich auch die süddeutschen Könner mit Dampflokomotiven hoher Reibungsmasse. Am weitesten gediehen und am besten vertreten waren wohl die Maffei-Vorschläge einer 2'D1'-Vierzylinder-Verbund-Schnellzuglok als Beitrag zum Einheitslok-Typenprogramm der Deutschen Reichsbahn. Eine solch stolze, im Jahre 1922 auf dem Papier erschienene 2'D1' gab es auf deutschen Bahnen noch nicht. 20 t Achsdruck, 16 kg/cm² Kesseldruck und eine Höhe der Kesselmitte über Schienenoberkante von 2950 mm waren ihr zugedacht. Daß hierfür die Vierzylinder-Verbundanordnung nach Muster von Borries mit dem gemeinsamen Antrieb des zweiten Kuppelradsatzes und mit gemeinsamem Kolbenschieber für je einen Hochdruck- und einen Niederdruckzylinder in Frage kommen sollte, ist verständlich, weil sie sich folgerichtig in die Maffeischen Erfahrungen und Gepflogenheiten einordnete.

Jene mächtige Maschine, intern als Gattung S 4/7 benannt, sollte ebenso wie die P 10 einen Kuppelraddurchmesser von 1750 mm und etwa dieselbe zulässige Plangeschwindigkeit erhalten. Im Buch über die S 3/6 (Stuttgart 1978) schrieb Ernst Hoecherl hierzu: „Es läßt sich denken, daß soviel Maffeische Eigenart im Widerspruch zur Auffassung der von Garbe beeinflußten norddeutschen Majorität stand, so daß die Entscheidung über diese Vereinheitlichungsvariante hinwegging", und weiter an anderer Stelle: „Man darf den 2'D1'-Entwurf übrigens als das letzte Glied einer bis auf die Zeit des ersten Weltkrieges zurückreichenden Serie von h4v-Vierkuppler-Reisezuglok-Pro-

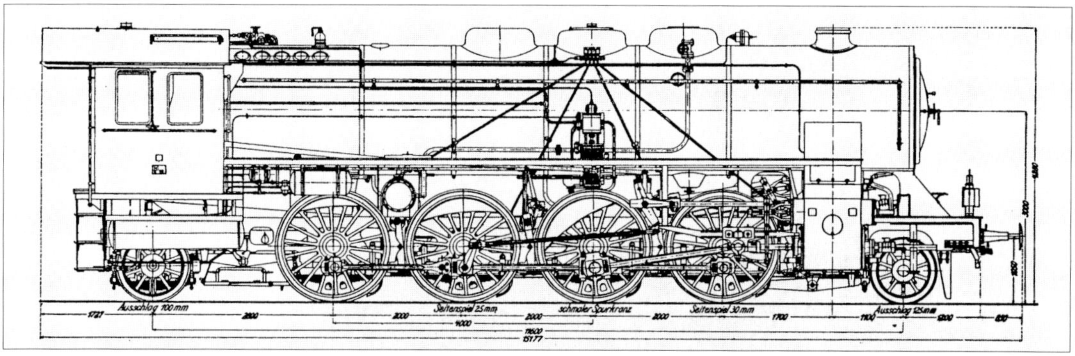

Die Aufriß-Zeichnung der P 10, Lokführerseite, ohne den Schornsteinaufsatz

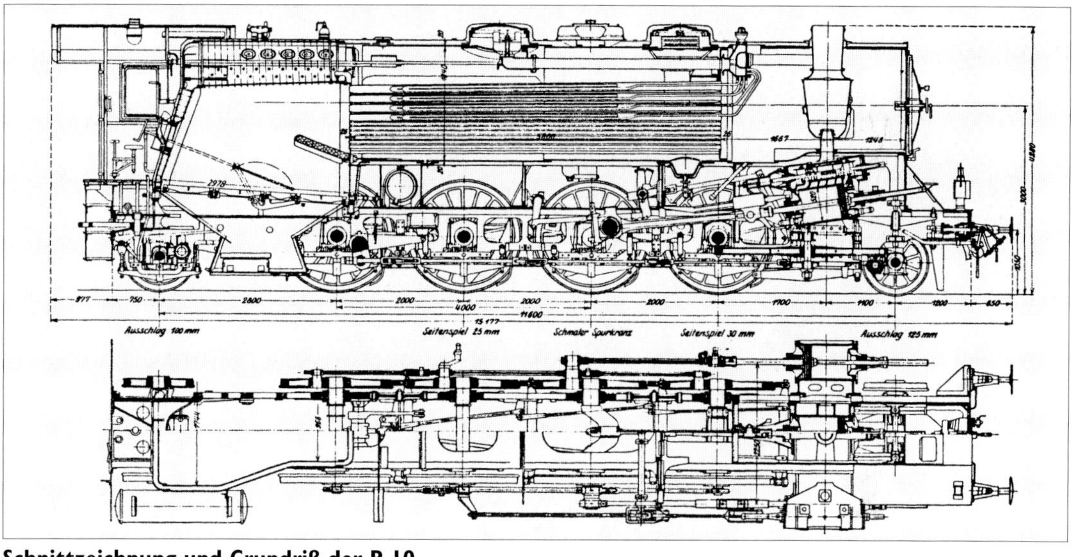

Schnittzeichnung und Grundriß der P 10

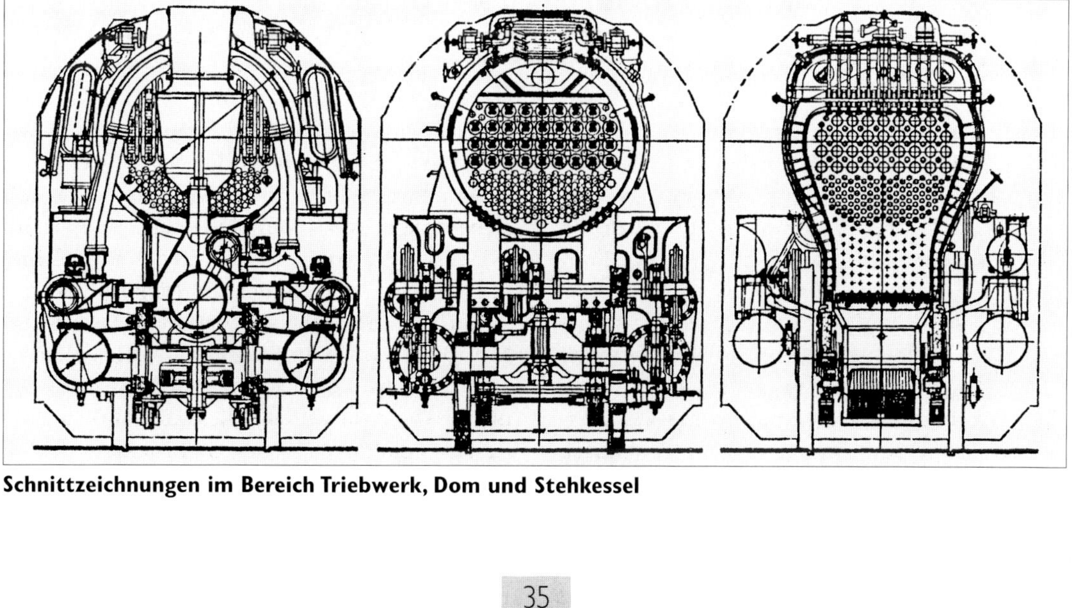

Schnittzeichnungen im Bereich Triebwerk, Dom und Stehkessel

jekten betrachten, die im Maffei-Konstruktionsbüro für Strecken-Dampflokomotiven ausgearbeitet wurden und bis zur Achsanordnung 2'D2' reichten. Sie alle waren veranlaßt durch das nicht erst aus neuerer Zeit stammende Bestreben, die Wirtschaftlichkeit des Lokomotiveinsatzes durch lange Durchläufe zu erhöhen. Für Bayern hieß das, die Eisenbahnzentren der deutschen Nachbarstaaten ohne Umspannen von München, Nürnberg, Regensburg und Würzburg aus zu erreichen und die dabei zu überquerenden Gebirgszüge der Schwäbischen Alb, des Frankenwaldes und des Spessarts ohne Vorspann zu bewältigen."

Schöne Studien – keine Lok

Im Hinblick auf die schwierigen Linienführungen auf der Schwäbischen Alb und auf verschiedenen anderen steigungsreichen Strecken waren selbstverständlich auch die Württembergischen Staatsbahnen und die nachfolgende Direktion Stuttgart in Zusammenarbeit mit der Maschinenfabrik Esslingen nicht müßig, eine der Klasse C in Leistung und Reibungsmasse überlegene Schnellzuglokomotive zu entwerfen. Es gab Projektstudien in Esslingen und Stuttgart, die von der verstärkten 2'C1' über die 1'D1' bis zur 2'D1' reichten. Der Zustrom der preußischen Lokomotiven und der kategorisch verfochtene norddeutsche Einfluß ließen nichts mehr aus den Esslinger Projekten werden, und man blitzte genauso ab wie Maffei in München. Bei aller Enttäuschung waren die Süddeutschen noch recht experimentierfreudig. Georg Lotter erarbeitete einen 2'D2'-Schnellzuglokomotiv-Entwurf S 4/8 für die Bayerischen Staatseisenbahnen, der um 1919 schon zur Diskussion stand. Er wich allerdings von den 1'D1'-Maffei-Vorschlägen, die Oberingenieur Ludwig maßgebend beeinflußt hatte, vor allem durch die Einbeziehung der Lotterschen Drehgestell-Kombination und den Kuppelraddurchmesser von 1870 mm ab.

Lassen wir hier rückschauend Friedrich Witte zu Wort kommen: „Es entbehrt nicht des Reizes, den Gang der Entwicklung an einigen Beispielen zu verfolgen. Jede der damals führenden Lokomotivfabriken hatte in der äußeren Linienführung ihrer Entwürfe charakteristische Eigenheiten, die sich besonders zwischen süddeutschem und norddeutschem Lokomotivbau deutlich abzeichneten. Die Gegenüberstellung der Entwürfe von Borsig, Henschel und Maffei vom Jahre 1922 zum Beispiel zur 2'C1'h4v-Schnellzuglokomotive läßt diese Merkmale noch einmal deutlich heraustreten. Der Ausschuß entschied damals gegen den Maffei-Entwurf. Vor allem wurde gegen diesen Entwurf, und das ist typisch für die Vereinheitlichung, eingewandt, daß die beabsichtigte Verwendung gleicher Kümpelteile für acht Typen durchbrochen würde. Interessanterweise ist an diesen Entwürfen noch der Raddurchmesser von 1900 mm zu nennen. Ähnlich lagen die Verhältnisse bei den Vergleichsentwürfen für die vierfach gekuppelte Personenzug-Lokomotive, bei denen Maffei auch wieder mit einer 2'D1'h4v eigene Wege ging. Die Tatsache, daß bei den Vorarbeiten nie die Rede war von einer vierfach gekuppelten Schnellzug-Lokomotive, ist wohl damit begründet, daß Schnellzüge auf Mittelgebirgsstrecken durch die 1'D1'-Personenzug-Lokomotive befördert werden konnten, der Durchlauf der ausgesprochenen Schnellzuglokomotive über Flachland und Mittelgebirge über lange Strecken nicht geplant war und eine Beschleunigung auf den Steigungsstrecken mit den kleineren Raddurchmessern wirtschaftlicher erreichbar schien.

Die 1'D1'-Personenzug-Lokomotive ist – da die P 10 bei Beginn der Einheitslokomotiv-Entwicklung noch verhältnismäßig jung war – nicht zur Entwicklung gekommen. Die bayerischen Vertreter im Ausschuß verteidigten den Standpunkt, daß der Vierkuppler unbedingt als 2'D1' zu bauen sei. Die Leistung dieser Lokomotive würde für die schweren Schnellzüge Frankfurt (Main) – München benötigt. Der Betrieb begrüße das vorlaufende Drehgestell, weil man beim Krauss-Gestell bei hohen Fahrgeschwindigkeiten Anstände befürchtete, die die P 10 allerdings nicht ergab."

Mit einem Zwölf-Wagen-D-Zug aus Berlin rollt 1940 eine P 10 an der Wollkämmerei in Leipzig vorbei in Richtung auf den Hauptbahnhof. Die Gleise links führen in Richtung Halle (Saale)

Am Ende siegte der Strom

Die spätere Krauss-Maffei-Aktiengesellschaft versuchte es auch nach Ende des zweiten Weltkrieges noch einmal mit Vierkuppler-Reisezuglokomotiven, in jener Zeit als 1'D1' in Zwillings- und Drillingsbauart. Aber auch die Deutsche Bundesbahn blieb unverständlicherweise, genauso wie zuvor die gesamtdeutsche Reichsbahn, beim Dreikuppler, obwohl die verschiedentlich im Schnellzugdienst eingesetzte Einheits-Güterzuglokomotive der Baureihe 41 bei nur 1600 mm Kuppelraddurchmesser und Zwillingstriebwerk den Ansprüchen eines modernen schnellen Reisezugverkehrs keinesfalls genügen konnte.

Andererseits hätten die beiden Kruppschen 1'D2'-Dampfturbinen-Schnellzuglokomotiven, falls sie überhaupt in den Betriebsdienst gekommen wären, zunächst lediglich als Erprobungsträger gedient, ohne sofort längerfristige Plandienste übernehmen zu können. Und die verschiedenen vorgeschlagenen Dampfmotor-Lokomotiven mit vier einzeln angetriebenen Radsätzen und etwa 80 t Reibungsmasse sind ohnehin nur „Papiertiger" geblieben.

Die Verwirklichung all dieser, für's erste aufgeschobenen Pläne verlief schließlich ganz im Sande. Kein Wunder, daß sich die Schar der ehrgeizigen Dampflok-Konstrukteure entmutigen und von ihren „Traum-Lokomotiven" abbringen ließ. Aber, das kann man wohl behaupten, der elektrischen Zugförderung ist damit geholfen worden. Sie fand im Hinblick auf die großräumige Elektrifizierung viel eher „Grünes Licht".

Im Bahnbetriebswerk Köln-Deutzerfeld nahm Hermann Kuom im August 1965 die 39 198 auf

Vergleich der Leistungs- und Verbrauchsdaten der preußischen P 10 und der bayerischen S 3/6

			S 3/6					P 10				
V	Ne	Ze	Zi	do	tü	D'/Ne	D/Ne	Zi	do	tü	D'/Ne	D/Ne
60	400	1800	2750	1,28	300	11,60	12,00	3010	1,60	289	14,73	14,70
	600	2700	3700	1,68	320	9,66	9,80	3940	1,96	302	11,70	11,50
	800	3600	4140	2,11	334	8,84	8,80	4880	2,36	314	10,62	10,50
	1000	4500	5550	2,56	346	8,35	8,25	5810	2,81	324	9,60	9,55
	1200	5400	6500	3,05	353	8,15	7,85	6750	3,29	332	9,25	9,05
	1400	6300	7310	3,51	357	8,00	7,55	7700	3,82	336	9,12	8,70
80	400	1350	2460	1,56	315	13,64	14,40	2710	1,87	312	16,42	16,30
	600	2075	3150	1,96	331	11,02	11,30	3410	2,30	321	13,22	13,00
	800	2700	3860	2,38	343	9,70	9,80	4120	2,73	328	11,65	11,40
	1000	3370	4560	2,84	351	9,18	9,15	4800	3,22	335	10,78	10,40
	1200	4050	5240	3,30	358	8,75	8,45	5520	3,74	341	10,28	9,85
	1400	4725	5960	3,80	360	8,55	8,20	6220	4,27	346	9,98	9,55
100	400	1080	2410	1,94	333	16,30	17,20	2650	2,11	300	19,00	17,90
	600	1620	2970	2,34	343	12,86	13,20	3210	2,56	314	14,91	14,15
	800	2160	3430	2,72	352	10,98	11,40	3790	3,00	325	12,82	12,50
	1000	2700	4080	3,27	358	10,40	10,60	4350	3,52	333	11,87	11,80
	1200	3240	4650	3,74	359	9,88	10,00	4900	4,07	340	11,25	11,25

spezifischen Dampfverbrauchs. Es sind der errechnete Dampfverbrauch D' bezogen auf die Leistung Ne und je Stunde, womit sich für das Verhältnis D'/Ne die Dimension kg/PSeh ergibt, und – in der letzten Spalte – der gemessene Dampfverbrauch D aus den Versuchsschaulinien, so daß auch hierbei die Dimension kg/PSeh für das Verhältnis D/Ne lautete. Soweit in diesen Werten der Speisepumpendampf mit enthalten ist, wurde er in Höhe von 2 Prozent des Dampfverbrauchs abgezogen.

S 3/6 weitaus sparsamer

Mit solchen Tafeln hatte man eines der Hilfsmittel geschaffen, eine genauere individuelle Berechnung anstelle der vorherigen schematischen Ermittlungsverfahren zu setzen. Jedenfalls erkennen wir, daß die Verbrauchswerte unserer P 10 bei gleicher Voraussetzung im Hinblick auf Zugkraft, Fahrgeschwindigkeit und Leistung höher liegen als diejenigen der bayerischen Vierzylinder-Verbund-Reisezuglokomotive S 3/6. Dies trifft sowohl auf die rechnerischen als auch auf die im Versuch ermittelten Werte zu.

Die zu kleinen Drehscheiben

Die Inbetriebnahme der großen Dampflokomotiven hatte einige Folgen. Lenken wir deshalb einmal unsere Aufmerksamkeit auf die Anpassung, den Um- und Neubau von Drehscheiben: Für den Kenner ist es noch heute leicht vorstellbar, daß man schon in den zwanziger Jahren mit 16-Meter-Drehscheiben kaum noch etwas anfangen konnte. Schon eine preußische P 8 mit einem 32-Kubikmeter-Tender hatte einen Radstand von insgesamt 16,82 m. Ein Drehen auf der 16-Meter-Scheibe war also unmöglich. Und doch hatten bis zu Beginn des ersten Weltkrieges unsere nord- und mitteldeutschen Regel-Drehscheiben, also vorwiegend auf preußisch-hessischem Gebiet, nur 16,14 m Durchmesser. Die 20-Meter-Scheiben gab es nur vereinzelt.

Nach den seinerzeitigen Gepflogenheiten in Konstruktion und Betrieb sollten die Drehscheiben ungeteilt, also starr sein. Die gesamte Last hatte demzufolge auf dem Königstuhl zu pendeln, um den Drehvorgang, mitunter noch von Hand bewerkstelligt, leicht zu gestalten. Die vier auf den Laufringschienen abrollenden

Die 39 140 in den dreißiger Jahren mit dem D 31 in Stuttgart Nord. Die Fahrleitungsmasten stehen bereits

Wichtigste Drehscheibenbauarten DR (1929)

Scheiben-/Gruben-durchmesser (m)	Schienenlänge (m)	Nutzlänge (m)	Tragfähigkeit (m)	(t)
16,14	16,20	16,07	15,684	100
16,50	16,56	16,432	16,046	130
18,20	18,26	18,14	17,754	150
20,00	20,06	19,94	19,554	150–170
21,50	21,56	21,45	21,064	240
23,00	23,06	22,95	22,564	350

Rand-Laufräder nahmen nur die nicht ausgeglichene „Zufallslast“ auf. Aufkommende längere Lokomotiven zwangen zur Inbetriebnahme von Drehscheiben größerer Schienenlängen, die teurer waren und zu geteilten Gelenk-Konstruktionen führten. Aber im Vergleich mit den starren Scheiben bestach bei den Gelenk-Scheiben der Vorteil geringerer Trägerhöhen und flacher Gruben.

Diese perfektionierten Drehscheiben, bei denen die vier Rand-Räder jeweils die halbe Traglast aufzunehmen hatten und die sich schwerer drehen ließen, forderten ihren Preis. Für eine 23-Meter Drehscheibe jüngster Konzeption konnte man damals drei oder gar vier kleinere, ungeteilte Scheiben bauen!

Aber es half nichts. Die P 10 hatte mit ihrem Tender bereits 19 300 mm Gesamtradstand, eine Länge über Puffer von 22 980 mm und somit Pufferüberstände von 1850 mm (vorn) und 1830 mm (hinten).

Die alte 16,14-Meter-Scheibe reichte noch für die antiquierten Lokomotiven der preußischen Gattungen P 4, P 6, P 8 (mit kleinem 21,5-Kubikmeter-Tender), für die S 6, G 8^{1}, G 12, T 3, T 13, T 14^{1}, T 16^{1} und T 20. Schon die S 10 mit 16 470 mm Gesamtradstand war nicht mehr unterzubringen. Für die P 10 war also nicht nur der oft zu schwache Oberbau, sondern auch die meist zu geringen Drehscheiben-Abmessungen ein Handicap. Eine Übersicht der wichtigsten Drehscheiben im Netz der Deutschen Reichsbahn (Stand 1929) zeigt die Tabelle.

Die P 10 ging also gerade noch auf die 20-Meter-Scheibe, überschritt jedoch bereits mit vollem Dienstgewicht und ausgelastetem Tender bei insgesamt 175,5 t die eigentlich zulässige Tragfähigkeit von nur 170 t.

Drehscheiben-Umkonstruktionen mit Schienenlängen-Änderungen durch Aufbau von Zusatzträgern und Einbau von Gurtverstärkungen hatten zwar überbrückbare Höhenunterschiede und neue Fundamente zur Folge, bildeten im allgemeinen aber ungeliebte Behelfsmaßnahmen. Für die Lokomotiven der Gattungen S 10^{1} und S 10^{2} konnte jedoch zunächst Abhilfe geschaffen werden. Aber für die P 10 war eine auf 18,2 m verlängerte 16-Meter-Scheibe immer noch nicht verwendbar. Die Deutsche Reichsbahn entwickelte schließlich kompliziertere Umbau-Verfahren, die sogar bis zum Umrüsten mancher Lokomotivschuppen führten.

Wir sehen hier, wie nachhaltig die P 10 und danach auch die Einheitslokomotiven die Lokomotivbehandlungsanlagen beeinflußten. Und nicht allein bei der Reichsbahn, sondern auch im Bereich der Bahnverwaltungen anderer Länder wuchsen die Schwierigkeiten mit dem starren Drehscheibenträger und dessen allmählich nicht mehr genügenden Dimensionen.

Längenvergleich deutscher Reisezuglokomotiven

Baureihe		Länge über Puffer (mm)	Gesamtradstand (mm)
01$^{0-2}$	mit Tender 2'2'T 34	23 940	20 320
01^{5}	Reko-Lok mit 2'2'T 34	24 350	20 320
02	mit 2'2'T 32 (alt)	23 750	20 320
04	mit 2'2'T 32	23 905	20 225
05	mit 2'3T 38 St	26 265	22 075
05 003	mit 2'3T 35 St	27 000	22 400
06	mit 2'3T 38 St	26 520	22 450
19^{0}	mit sä 2'2'T 31	22 632	19 182
19^{0}	Reko-Lok mit 2'3T 38	24 210	20 385
22	Reko-P 10 mit 2'2'T 34	23 700	20 070
39$^{0-2}$	P 10 mit pr. 2'2' 31,5	22 980	19 300
	P 10 mit 2'2'T 34	23 000	19 370
10	DB-Neubaulok mit 2'2'T 40	26 503	22 185

Die 39 125 mit einem Schnellzug vor der gigantischen Kulisse der Continental-Gummiwerke in Hannover

Die vermutlich erstmals in Nordamerika eingeführte unterteilte Drehscheiben-Bauweise, in Deutschland als Gelenkbauart Klensch bekannt geworden, erhielt nun Aufwind auch in Süddeutschland. In vermehrter Zahl gehörten Drehscheiben, die es in Kreuz-, Stern-, Sektoren-, Segment- und in Doppelgleis-Ausführungen gab, in großen Auffahrgleislängen zu den

Die 39 142 dampft 1928 mit dem D 187 nach kurzem Halt in Wuppertal-Elberfeld wieder los

Bahnbetriebswerken. Dies wird deutlich, wenn man die Lokomotiv-Längenmaße der P 10 und anderer deutscher Reisezug-Dampflokomotiven gegenüberstellt.

Viel experimentiert

Der Bedarf an riesigen Drehscheiben hoher Tragfähigkeit wuchs. In Frankreich schwor man lange Zeit nicht so sehr auf Gelenkdrehscheiben, sondern lobte den Langträger, wobei man dann aber allmählich davon abging, dem Königstuhl die Hauptlast aufzubürden. Er wurde hierzu höhenverstellbar ausgeführt, so daß die Laufrollen beim Absenken des Trägers mittragen mußten.

Andererseits wurden bei uns, in Lauda und Neckarelz, von der Militärverwaltung gekaufte Geschütz-Drehscheiben in Gelenkausführung eingebaut. Die Reichsbahn-Direktion Karlsruhe versuchte es Mitte der dreißiger Jahre auch mit fundamentlosen Drehscheiben, um Kosten zu sparen. An solchen und anderen Gelenk-Drehscheiben waren Versuche nötig. Zur Feststellung der elektrischen Arbeit für halbe und ganze Umdrehungen zog man die 175,5 t schweren P 10-Lokomotiven heran. Schließlich kamen für die P 10 verschiedene südwestdeutsche Einsatzschwerpunkte in Frage, und man konnte dann auf die Gelenkdrehscheiben in Offenburg Nord (22 Meter, Inbetriebnahme 1935), Offenburg Süd (23 Meter, Inbetriebnahme 1925), Villingen (23 Meter, Inbetriebnahme 1926), Kehl (23 Meter, Inbetriebnahme 1934) und Mannheim Pbf (23 Meter, Inbetriebnahme 1934) zurückgreifen.

Was noch alles dazugehört

Der vermehrte Einsatz der P 10 und der Einheitslokomotiven blieb übrigens auch nicht ohne Folgen für die Besandungsanlagen großer Bahnbetriebswerke. So hatte beispielsweise das Bahnbetriebswerk Hagen-Eckesey, in welchem 1930 und noch Jahre später mindestens zwölf Lokomotiven der Gattung P 10 beheimatet waren, eine neuentwickelte Preßluft-Besandungsanlage (Förderdruck 4 kg/cm^2) in Brückenbauweise für drei nebeneinander liegende Gleise aufgestellt. Zwei Sand-Trocken-Öfen konnten vier Kubikmeter Sand eines mittleren Feuchtigkeitsgehaltes von 2 Prozent innerhalb von 24 Stunden trocknen. Jede P 10-Lokomotive verbrauchte täglich etwa 0,025 bis 0,030 m^3 Sand. Zehn Lokomotiven benötigten also ungefähr 0,3 m^3, das sind 300 Liter.

Die P 10 war übrigens auch noch als Erprobungsträger für Lager- und Schmiermittelfragen eingesetzt, denn die rapide Steigerung der Geschwindigkeiten und die Zunahme der Schlepplasten verursachten natürlich beträchtlich höhere Beanspruchungen der Lager. Achs- und Stangenlager hatten ja nicht allein solche Kräfte aufzunehmen, die durch die bloße Fortbewegung des Fahrzeugs ausgelöst wurden. Es kamen außerdem alle Einwirkungen statischer und dynamischer Art hinzu. Die Lagerungen mußten standhalten und darüber hinaus eine angemessene Lebensdauer haben. Zur Lösung der Fragen nach verschleißärmeren und fahrdynamisch besser nutzbaren Werkstoffen dienten ausgedehnte Versuche an mehreren Einheitslokomotiven und in den dreißiger Jahren an entsprechend ausgerüsteten P 10.

So sind anschließend an die spezifischen, mit mehreren Lagerkonstruktionen durchgeführten Reichsbahn-Prüfstandversuche der Jahre 1928/29 in die Achslagergehäuse und Stangenköpfe von Lokomotiven der Gattung P 10 nunmehr verschiedene Voll-Lagerschalen aus Spezialbronze eingebaut worden. Es handelte sich hauptsächlich um aus Kupfer und Blei aufgebaute Bronzen, die Zusätze von Zinn und Nickel enthielten und Härten von 45 bis 60 kg/mm^2 besaßen. Jene neuen P 10-Lager zeigten laut Protokollen „wesentlich bessere Laufeigenschaften als die genormten Bronzen". Auch für die Treibstangen-Gelenklager gab die P 10 einen optimalen Objektträger ab. Die Reichsbahn erprobte in den hinteren Treibstangenlagern Hartbronze-Konstruktionen, die gleichzeitig die gefürchteten Kantenpressungen vermieden, weil die Gelenk-Lagerschalen oder -Buchsen den Treibzapfenbewegungen

Zeichnungen der hinteren Kuppelstange. An den Treib- und Kuppelstangenlagern und ihren Bronze-Einlagen wurde in den zwanziger Jahren viel experimentiert

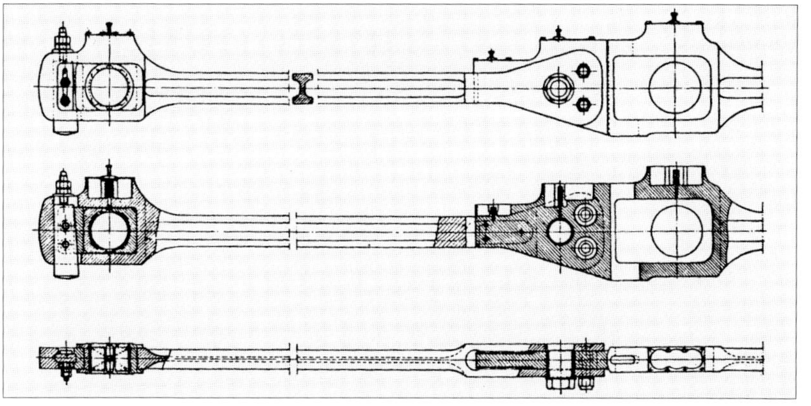

und Schrägstellungen besser folgen und sich frei einstellen konnten.

Derartige Konstruktionsverbesserungen galten übrigens auch als wertvolle Beiträge zur Lösung der Problematik von Schmierungs- und Schmiermittelfragen, die damals wegen der erhöhten Lagerbelastungen und der Situation in der Rohstoffversorgung eine wesentliche Rolle spielten. Nachdem die Konstrukteure schon im Entwicklungsstadium der P 10 zunächst versucht hatten, die Lok als einfache Zwillingsbauart mit dem zweiten Kuppelradsatz als Treibradgruppe zu entwerfen, ergaben sich unerwünscht hohe Treibstangen- und Lagerkräfte, so daß schließlich doch die Drillingsbauart den Vorzug erhielt.

Der Innenzylinder bekam dabei eine Neigung von 1:6,65, während die Treibstangen innen und auch außen zwangsläufig jeweils eine Länge von nur 2250 mm (Stichmaß) aufwiesen und damit relativ kurz waren. Die Innenzylinder-Neigung der sächsischen 1'D1'-Verbund-Lok war mit 1:8,61 ebenfalls für den Einachsantrieb geschickt untergebracht.

Dienste in Nord, Süd, Ost und West

Die P 10 wurde in eine Zeit hineingeboren, in der es noch keinen hysterischen „Run" auf einen Platz an der Sonne gab, der mit dem alljährlichen Schulferienbeginn seine ungebrochene Macht entfaltet und im Chaos der Straße manchen Urlaubstraum zerrinnen läßt.

Der Tourist von einst, der mit den ungezählten Reisezügen, im mittel- und süddeutschen Hügelland von der P 10 gezogen, in die Ferne fuhr, hatte noch recht undeutliche Träume von der großen Freiheit, die der heutige Auto-Massen-Tourismus verspricht, aber gar nicht halten kann. Viele der einstigen Eisenbahntouristen suchten noch das Unberührte, nicht die perfekte „touristische Erschließung" mit Liegestühlen in Zehnerreihen im Urlaubs-Ghetto.

Andererseits fuhr unsere P 10, die Reichsbahn-Baureihe 39^0, in eine noch junge Epoche technischer Innovationen und ins Schicksal unerbitt-

Die innere Treibstange der P 10

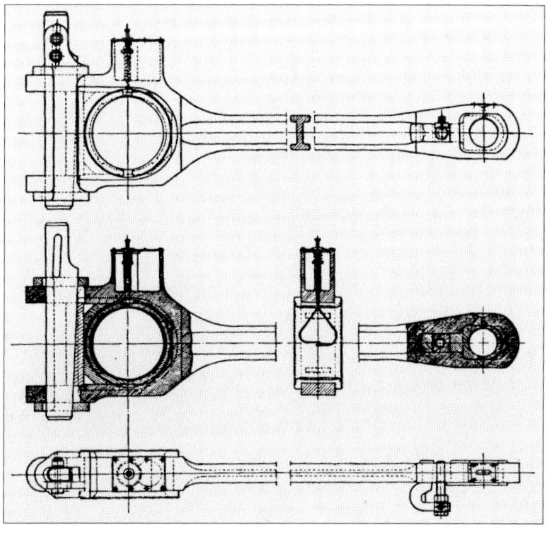

Eine P10 mit einem Schnellzug als Reiseglücksbringer, solche Karten wurden früher gern verschickt

licher Rationalisierungsvorgänge. Die Landflucht begann, die Städte ständig zu vergrößern. Großbaustellen, der eben fertiggestellte Stuttgarter Hauptbahnhof, die Ziegelgrabenbrücke nach Rügen, das Olympiastadion und die Nord-Süd-S-Bahn in Berlin, aber auch der Hindenburgdamm nach Westerland auf Sylt sicherten den technischen und zivilen Fortschritt. Für mich war auch die damalige P 10 ein technischer Schritt in die Eisenbahn-Zukunft. Meine Sympathie und auch Begeisterung für die P 10 fesselte mich vom ersten Tag an, als ich sie immer wieder beim Umsetzen im Bahnbetriebswerk Leipzig Hbf Nord beobachtete. Sie war dort beheimatet, um den Zügen von Leipzig nach Hof, Dresden, Breslau und vorübergehend nach Chemnitz die nötige Zugkraft zu geben.

Doch schon die frühe Zeit ihrer technisch-wirtschaftlichen Erprobung ließ einen außerordentlich weiträumigen und vielfältigen Einsatzbereich vorausahnen.

Die Strecken über den Thüringer Wald und die Schwarzwaldbahn reihten sich ebenso in die Versuchs- und Meßprogramme der P 10 ein wie die nördlicheren Flachlandstrecken im Raum zwischen Berlin, Stendal und Hannover sowie im Gebiet zwischen Berlin und Küstrin. Andere Prüf- und Experimentierstrecken für die P 10 waren Grunewald – Magdeburg, Gießen – Kassel, Frankfurt (M) – Karlsruhe – Basel, Kehl – Stuttgart und Güsten – Mansfeld. Für Vergleichsfahrten mit der sächsischen 1'D1'h4v-Schnellzuglokomotive kamen hinzu Stuttgart – Geislinger Steige – Ulm – München, Stuttgart – Würzburg und Stuttgart – Heidelberg.

Der Lokomotiv-Hersteller Borsig prüfte seine fabrikneuen Maschinen auf der Strecke Tegel – Schönholz – Oranienburg. Allein das der P 10 zugewiesene Versuchsfeld reichte von Berlin bis nach Basel und München, von Frankfurt (M) und Lehrte bis nach Küstrin an der Oder.

Die Plandienste der P 10 wiesen zwar nicht die Variationen und Streckenvielfalt auf, wie sie etwa der P 8 zugeteilt wurden. Aber vom Sommerfahrplan 1925 an, als die schwere P 10 einen Einsatzbestand von bereits über 200 Einheiten erreicht hatte, mußte sie fast überall dort Dienst

Mit der 39 010 „gut angekommen"
– im Gegensatz zur Montage links ist diese Postkarte ein „Echt-Photo"

tun, wo der zulässige Achsdruck „stimmte" und wo es gewichtige Personen- und Schnellzüge auf neigungsreichen Strecken zu befördern galt.

Es ist hier kaum möglich, alle in den zwanziger und dreißiger Jahren zu bedienenden Verbindungen aufzulisten. Einige stehen für viele und zeigen, daß die P 10 in fast allen Gegenden des Deutschen Reiches anzutreffen und zu Hause war: Berlin – Hannover – Köln, Berlin – Magdeburg, Braunschweig – Hagen – Aachen, Leipzig – Reichenbach (V) – Hof, Berlin – Halle/Leipzig – Frankfurt (M), Erfurt – Würzburg – Stuttgart, Leipzig – Dresden – Breslau, Dortmund – Köln, Kassel – Bebra – Würzburg, Aachen – Osnabrück, Stuttgart – München, Stuttgart – Heidelberg, Hamm – Hannover, Mannheim – Basel, Saalfeld – Nürnberg, Leipzig – Chemnitz, Offenburg – Konstanz und Saarbrücken – Köln.

Ihre nördlichsten Stützpunkte erreichte die P 10 in den Kriegsjahren, als die Bahnbetriebswerke Stralsund, Lübeck und Stargard (Pommern) P 10-Lokomotiven beheimateten.

Meine unvergessenen Erlebnisse basieren auf dem Geschehen im mitteldeutschen Raum um Leipzig, wo in den dreißiger Jahren die „39er" für die Züge nach Berlin, Frankfurt (M), Dresden und Hof versorgt wurden. Mitunter sind auch – trotz allgemeinen elektrischen Betriebes und aus welchen Gründen auch immer – schwere Züge von der „Reichsmessestadt" nach Halle (– Hamburg) mit der P 10 gefahren worden, manchmal in Doppelbespannung zusammen mit der E 04.

Die Sachsen sind mit der P 10 meist ebenso gut zurechtgekommen wie mit ihren Hartmann'schen Sachsenstolz-Maschinen, wenn auch so mancher Heizer seinem Unmut über den hohen Kohlenverbrauch der P 10, vorwiegend auf der Strecke nach Reichenbach (V), Luft machte. Mit der späteren schrittweisen Ausmusterung der P 10 ist jedenfalls für mich ein imponierendes „Abenteuer" traditionellen

Reisen mit der P 10, ein Genuß: Die 39 241 (Krupp) hatte 1948 eine Hauptausbesserung (L 4) in der Maschinenfabrik Esslingen erhalten. Carl Bellingrodt nahm sie mit dem D 171 in Engen (Hegau) auf

Eisenbahnreisens verschwunden. Keine Monotonie stellte sich ein. Bei ganz oder halb geöffnetem Abteilfenster drang der wohlvertraute dumpfe Klang des Drillingstriebwerkes ins Ohr, dazu die Duftmischung aus Dampf, Rauch und heißem Öl in der Nase – für uns Eisenbahnbegeisterte ein Glückszustand. Das Zusammenspiel ihrer Konstruktionsglieder ergab einen lebendigen Organismus, ein „Insieme" gutgeformter Lokomotivtechnik.

Es war für mich eine heutzutage längst vermißte „Feierlichkeit", wenn die schwer arbeitende Lokomotive mit dem Breslauer Schnellzug den Leipziger Hauptbahnhof verließ, in einiger Distanz am Bahnbetriebswerk Leipzig Hbf West vorbei unter der Brandenburger Stahlbogenbrücke hindurchdampfte, am Bahnbetriebswerk Leipzig Hbf Nord vorüber, dann an der Kirchstraßenbrücke das Bahnbetriebswerk Leipzig Hbf Süd grüßend, und schließlich majestätisch mit dem langen D-Zug in Richtung Dresden allmählich an Fahrt gewann. Die Fahrgäste im Speisewagen ahnten nichts von meiner Schwärmerei für eine mächtige Borsig-Lokomotive, die sich oft genug den dortigen Dienst mit der anderen großen Mikado-Bauart, Sachsens 1'D1'h4v der Reihe 19^0, teilte.

Magischer Drillings-Sound

Die Frage, warum das Reisen in einem von der P 10 geführten Zug meinerseits zur bleibenden Impression wurde, findet keine schlagkräftige Antwort. Vielleicht war es die technische Dynamik, oder hatte der „Sound" dieser Lokomotive den Ausschlag gegeben?

Die P 10 schuf möglicherweise ein Umfeld, in dem man sich wohlfühlte. Das klingt alles ziemlich pathetisch. Aber wie der Einfluß der Eisenbahn schlechthin in den verschiedensten Sphären der Gesellschaft, der Wirtschafts- und Sozialgeschichte seine Darstellung fand, so mag die Wirkung der im Drillingstakt arbeitenden P 10 auch den lokomotivbegeisterten Men-

schen nicht mehr loslassen. Es ist aber nicht nur das Reisen, das die P 10 vorzüglich besorgte, sondern auch der Gütertransport. Ich habe auf vielen Ausflügen der frühen dreißiger Jahre wiederholt bei Jena und Rudolstadt (Thüringen) die P 10 vor langen (Eil-) Güterzügen gesehen. Und Gütertransporte hat sie wohl auch im Ruhrgebiet bewerkstelligt. Ob das alles wirtschaftlich war, was man ihre zumutete?
Es ließe sich immerhin rechnerisch ermitteln – im Gegensatz zum Auto. Da wäre doch überhaupt zu überlegen, ob ein privat genutztes Kraftfahrzeug mit Kategorien der Wirtschaftlichkeit und Rationalität in Verbindung gebracht werden kann.
Nun, die P 10 hat sicherlich in ihrer großen Epoche der Reichsbahn-Zeit eine außerordentliche Faszination bei den technisch interessierten Bahnreisenden ausgelöst. Ihr rhythmischer Dreizylinder-Auspuffschlag war unverkennbar. Sie paßte in eine Zeit des Übergangs von der Länderbahnvielfalt zur vereinheitlichten Reichsbahn-Uniformität.
Die Arbeit der Konstrukteure erfuhr in neue Bahnen gelenkte Planungs- und Entwurfsmöglichkeiten, freilich nur allzu oft mit geradezu diktatorischer Einflußnahme allmächtiger Bauart-Dezernenten. Und nicht immer wurden Verbesserungsvorschläge mit der nötigen Sorgfalt geprüft, obgleich sie hätten akzeptiert werden müssen, wenn sich die erwarteten Kostenvorteile in Zahlen ausdrücken ließen.
Die spätere Deutsche Bundesbahn hat nur wenig an den ihr verbliebenen 39ern verändert. Die Streckendienste vollzogen sich nach 1945 mit unterschiedlicher Zeitdauer zwischen Frankfurt (M) und Kassel, Gießen und Siegen, Stuttgart und Heidelberg, Koblenz und Mönchengladbach, Stuttgart und Konstanz, Ludwigshafen und Würzburg, Offenburg und Frankfurt (M), Stuttgart und Nürnberg (– Hof) sowie zwischen München und Lindau. Es fehlen hier noch manche Plandienste, darunter Ulm – Kempten, Ulm – Friedrichshafen, aber unser Überblick soll genügen, um die Nachkriegsverwendungsfähigkeit in den Bundesbahn-Bezirken grob zu umreißen. Beschleunigte Personenzüge, eine Zugkategorie aus Reichsbahnzeiten, hatte die P 10 nicht mehr im Arbeitspensum, dafür aber Fernschnellzüge, D-Züge, Personen- und zuletzt auch Nahverkehrszüge, Vorspanndienst und Rangierzüge. Im Raum Stuttgart diente die P 10 auch im Berufsverkehr. Auf den Strecken um Regensburg, Kempten, Wiesbaden und Köln dominierten zwar noch lange Zeit die ihr zugedachten Reisezugaufgaben, doch allmählich kam auch der Einsatz vor Bauzügen hinzu, der dann das Ende der P 10 auf Bundesbahnstrecken einläutete.
Die Deutsche Reichsbahn in der DDR verwendete die P 10, auch in ihrer Rekonstruktionsform als Baureihe 22, auf den von früher her angestammten Strecken bei den Bahnbetriebswerken in Dresden-Altstadt, Chemnitz, Reichenbach (V), Gera, Görlitz und Erfurt. Die Lokomotiven der Baureihe 22 kamen nach Leipzig, mitunter nach Berlin und – für die westdeutschen Fotografen hochinteressant – auch ins Bundesgebiet nach Hof und nach Bebra.
Die jahrzehntelange Dienstzeit, vor und nach 1945, offenbarte auch ein ungewöhnlich großes Einsatzspektrum. Die P 10 erschien vor den Leipziger Messe-Sonderzügen, vor den unterschiedlichsten Sonderzügen, auch solchen, die von den „Kraft durch Freude"-Organisatoren des dritten Reiches propagandistisch und publikumswirksam gepriesen und angefordert wurden. Die P 10 beförderte auf langen Streckenabschnitten auch internationale Züge, darunter München – Genf, München – Zürich, Prag – Dresden, Nürnberg – Zürich, Stuttgart – Zürich, Frankfurt (M) – Metz und Paris – Berlin – Warschau.
Heute ist's Vergangenheit. Es gibt keine P 10-Zugförderungsleistungen mehr, weder auf der Moselstrecke, noch zwischen Köln und Leipzig oder auf den Strecken Ulm – Regensburg, Berlin – Schweinfurt – Stuttgart oder in den Verbindungen Frankfurt (M) – Warschau, Mailand – Schweiz – Stuttgart, auf der „Nordschiene" Stettin – Stagard – Stolp – Danzig sowie kurzzeitig Stettin – Schneidemühl und Hamburg – Lübeck.

Unverkennbar Einheitslok-Baustil: Henschel hatte 1927 diese große 1'D1'h2-Maschine mit 1750 mm Treib- und Kuppelraddurchmesser, die 46 059, in die Türkei geliefert. Dort lief sie noch 1976

4. Vergleichsentwicklungen und Blick über die Grenzen

Die P 10 war nicht irgendeine 1'D1'-Lokomotive. Sie konnte viel mehr als ihre Vorgängerinnen aus der Frühzeitphase dieser Achsfolge in Nordamerika, die sich damals fast nur im Güterzugdienst durchsetzen und behaupten konnten.

Die P 10 rechnete zu denjenigen Regelspur-Mikado-Lokomotiven, deren hauptsächlicher Verwendungszweck die Beförderung schwerer Reisezüge war, aber den schnellen Güterzugdienst nicht ausschließen sollte. Dieser Leitgedanke ist anderthalb Jahrzehnte später von den Einsatzdienststellen für die Reichsbahn-Einheitslokomotive der Baureihe 41 ganz ähnlich übernommen worden.

Beide Lokomotiven hatten die Radsatzfolge und ein vorderes Krauss-Helmholtz-Gestell gemeinsam, nicht jedoch die Dampfmaschine (Zwilling für die Reihe 41, Drilling für die 39) und die zulässige Höchstgeschwindigkeit (90 beziehungsweise 110 km/h).

Aber beide Mikado-Lokomotivgattungen bewährten sich im hochwertigen Reisezugdienst, die P 10 beispielsweise vor dem Fernschnellzug „Merkur" zwischen Stuttgart und Heidelberg und die Baureihe 41 vor dem „Loreley-Express" und dem „Austria-Express" in den fünfziger Jahren zwischen Venlo und Köln.

Auffallend ist bei der Baureihe 41 der ungewöhnlich große Kolbenhub von 720 mm Länge, während die P 10 das fast zur Norm gewordene „Reichsbahn-Maß" von nur 660 mm hatte. Die Zugkraft der Kolbendampflokomotive änderte sich übersetzungsbedingt proportional mit dem Kolbenhub, aber umgekehrt proportional mit dem Kuppelraddurchmesser. Mit längerem Kolbenhub und damit bei größerem Kurbelkreis wuchs selbstverständlich – gleiche

Die 1'D1'h2-Einheitslokomotive, Baureihe 41. Kuppelachslast wahlweise umstellbar auf 18 oder 20 t, Treib- und Kuppelraddurchmesser 1600 mm, zulässige Höchstgeschwindigkeit 90 km/h

Raddrehzahl vorausgesetzt – auch die Kolbengeschwindigkeit, die dann Werte von 9 m/s und darüber leicht erreichen konnte. Trotzdem bauten die Engländer mehrere Dampflokomotiven mit noch größerem Hub bis zu 762 mm, um dadurch die Zugkraft zu steigern.
Auch im Dampflokomotivbau der Vereinigten Staaten von Nordamerika gab es schon recht große Kolbenhubwege, weil bei den in den USA erforderlichen riesigen Leistungen bereits Zylinderdurchmesser von etwa 736 mm und mehr notwendig waren. Bei entsprechend großer Hublänge kam man dann mit zwei Dampfzylindern aus, wo man sonst zu in Bau und Wartung viel kostspieligeren Drei- und Vierzylinder-Maschinen hätte übergehen müssen. Die schweren Vierkuppler-Schnellzuglokomotiven S-1b der New York Central-Bahn besaßen einen Kolbenhub von 813 mm!
Bei der Deutschen Reichsbahn ging man zwar nicht so weit, aber die 720 mm für Hub und Kurbelkreisdurchmesser der Baureihe 41 waren für unsere deutschen Konstruktionen schon recht enorm. So hatten die preußische P 10 und die Reichsbahn-Baureihe 41 entwicklungstechnisch ganz verschieden konstruierte Dampfmaschinen-Grundmuster.
Die Baureihe 41 als Langhubmaschine, zusammen mit der dreizylindrigen Baureihe 45 eigentlich eine Sonder-Entwicklung, zeigte sich ausreichend geeignet nicht nur zur Bedienung des schnellen Güterzugverkehrs, sondern auch vor Personen- und Schnellzügen mit Höchstgeschwindigkeiten von 90 bis maximal 100 km/h. Ebenso wie bei der P 10 bewährte sich das voranlaufende Krauss-Helmholtz-Gestell. Die Baureihe 41 hatte eines mit ausnehmend großen Radsatzstand von 3000 mm gegenüber der P 10 mit nur 2800 mm.
Bei der Reichsbahn und bei der Deutschen Bundesbahn hatte es nicht an Bestrebungen gefehlt, die Geschwindigkeitsgrenze der Reihe 41 von 90 auf 100 km/h anzuheben, zumal man mit dem höheren Tempo während der Versuchsprogrammfahrten schon Erfahrungen sammelte. Offensichtlich im Hinblick auf die bevorstehende Ablösung der Dampflokomotiven durch fortschreitende Verdieselungen und Elektrifizierungen gab es für die Baureihe 41 schließlich doch kein Zugeständnis. Es blieb beim offiziell verfügten Zulassungs-Limit von nur 90 km/h. Jedenfalls hatte sich die Baureihe 41 den Namen „Allzweck-Lokomotive“ redlich verdient. Im Umfeld der P 10 hörte man diesen liebevoll gemeinten Lobestitel nicht, obwohl die P 10 viel länger im hochwertigen, schnellen Reisezugdienst, aber eben doch nicht ganz so oft im Güterzugverkehr Dienst tat wie die Baureihe 41. Beide Lokomotiven zeigten bei ihrer zugelassenen Maximalgeschwindigkeit eine hervorragende und sichere Führung im Gleis, wozu bei der P 10 nicht allein das Krauss-Helmholtz-Gestell, sondern auch die ruhige Gangart der Drillingsmaschine beitrug.

Drilling in den USA

Und wie war das in den USA? Noch im Jahre 1924 las man im „Railway Age“, daß die Drillingsbaumuster für Amerika immer noch etwas Neues und ungewohntes waren. Als die American Locomotive Company (ALCO) eine 1'D1'h3-Dampflokomotive für die Südmandschurische Bahn konstruierte, hielt man vor Ablieferung zunächst außerordentlich vielfältige und ausgedehnte Versuchsfahrten für notwendig, in diesem Falle jedoch weder auf dem Prüfstand noch auf Strecken vor Plan- oder eigens zusammengestellten Zügen, sondern mit angehängter elektrischer Bremslokomotive. Das organisierte technische Spektakel spielte sich auf der Versuchsstrecke der General Electric Company in Erie mit einer gerade fertiggestellten 3000-Volt-Gleichstromlokomotive der Mexikanischen Eisenbahn-Gesellschaft ab. Die Dampflokomotive hatte nur 1372 mm Kuppelraddurchmesser und 660 mm Kolbenhub (wie die P 10). Wie es hieß, fuhr die Lokomotive trotz ihres kleinen Kuppelraddurchmessers bis hinauf zu 100 km/h „sehr ruhig“. Die indizierte Hächstleistung erzielte sie bei 55 km/h mit 2284 PSi mit einer Füllung von 49 Prozent. Der beste mechanische Wirkungsgrad sei mit 92,3 Prozent bei einer Leistung von 1364 PSi und 24 km/h bei einer Füllung von 72,8 Prozent festgestellt worden.

In Europa ist Frankreich Vorreiter

In Europa erschien die 1'D1'-Bauart noch kurz vor Beginn des ersten Weltkrieges, nicht alsDrilling, sondern als Vierzylinder-Verbundmaschine mit 1650 mm Treibraddurchmesser für den Reisezugdienst der Paris-Lyon-Mittelmeerbahn-Gesellschaft (P.L.M.). Gelegentlich wurde sie auch für den Eilgüterzugdienst eingesetzt. Diese französische Mikado-Bauart fand in Frankreich selbst, aber auch in anderen europäischen Ländern großen Anklang.

Im Jahre 1914 führte auch die Österreichische Staatsbahn eine Vierzylinder-Verbund-Mikado ein, deren innenliegende Hochdruckzylinder mit den Niederdruckzylindern gemeinsam die dritte Kuppelachse antrieben. Der vierte Kuppelradsatz lag nicht wie bei der französischen Lokomotive vor, sondern unter dem Stehkessel. Die österreichische Lokomotive erhielt demzufolge eine über den Kuppelrädern liegende, breite, aber niedrige Feuerbüchse. Die Bauart wurde als erste 1'D1'-Gebirgs-Schnellzuglokomotive Mitteleuropas eingestuft.

Erbauer dieser mit Reihe 470 bezeichneten Maschine war Floridsdorf. Erfolgreicher waren die anderen österreichischen Vierkuppler der Reihen 570 und 113 (33). Auch hier überstürzen sich ein bißchen die Superlative. Adolph Giesl-Gieslingen nannte die im September 1915 abgelieferte 2'D-Maschine 570.01 „den ersten europäischen Schnellzugloktyp dieser Achsanordnung", womit er eigentlich nur den Chefkonstrukteur Hans Steffan

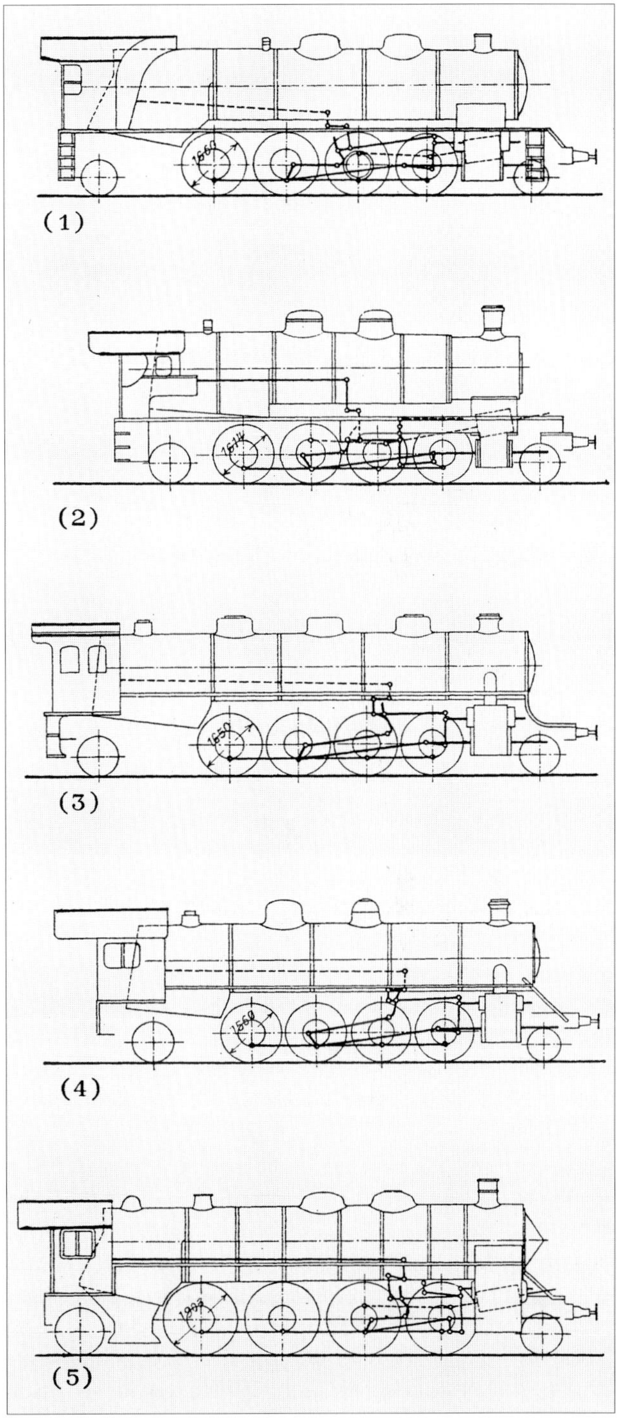

1'D1'-Lokomotiven in Europa: 1 – P.L.M. 1913– 1914; 2 – Österr. Stb. 1914; 3 – Paris–Orlèans 1914/17; 4 – Span. Nordbahn 1917; 5 – Sächs. Stb. 1918

Die österreichische 1'D1'h2-Schnellzuglokomotive 670.04 ist ein Umbau aus der 1'D1'h4v-Reihe 470

(1877–1939) zitierte. Steffan begründete seine Behauptung damit, daß die Südbahn-Reihe 570 mit ihrem Treibraddurchmesser von 1740 mm bei 70 mm Radreifendicke ihre Vorgängerinnen mit nur maximal 1600 mm hohen Rädern übertraf. Immerhin, diese österreichische Vierkuppler-Lokomotive hatte die größten bis dahin an irgendeiner 2'D der Welt verwendeten Kuppelräder. Wie dem auch sei, Johann Rihosek (1870–1956) lobte die Gölsdorfsche 1'D1'. Im Organ für die Fortschritte des Eisenbahnwesens (Jahrgang 1923) schrieb er: „Gölsdorf hatte die glückliche Gabe, vorausblickend rechtzeitig solche Lokomotiven zu entwerfen, die der ansteigende Verkehr gerade brauchte. So entstand die 1'D1'-Schnellzuglokomotive der Reihe 470 für die längere Steigungen von 18 Promille aufweisende Strecke Amstetten – St.Veit an der Glan – Villach, als seine ersten 1'C1'-Lokomotiven der Reihe 110 die immer schwerer werdenden Schnellzüge über diese Steigungsstrecken nicht mehr bewältigen konnten.

Im Kessel mit der vorzüglichen 1'E-Heißdampf-Vierzylinder-Verbund-Gebirgslokomotive der Reihe 380, in den Zylindern und der Steuerung mit der ersten 1'F-Lokomotive (Reihe 100) des Festlandes verwandt, ist diese Lokomotivbauart die erste 1D1-Form einer Schnellzuglokomotive im Gebiete des Vereins deutscher Eisenbahn-Verwaltungen.

Die zwei zuerst bei der Lokomotivfabrik Floridsdorf bestellten Lokomotiven 470.01 und 470.02 kamen 1914 gerade bei Ausbruch des Krieges heraus. Die Lokomotiven zeigen wieder das gefällige Aussehen, das Gölsdorf seinen Schöpfungen zu geben verstand. Bemerkenswert an dieser Lokomotivbauart ist der feste Radstand von 5070 mm bei einem Gesamtradstand von 9450 mm. Die vordere und hintere Laufachse mit Achslagern nach Adams, ferner die verschiebbare zweite Kuppelachse

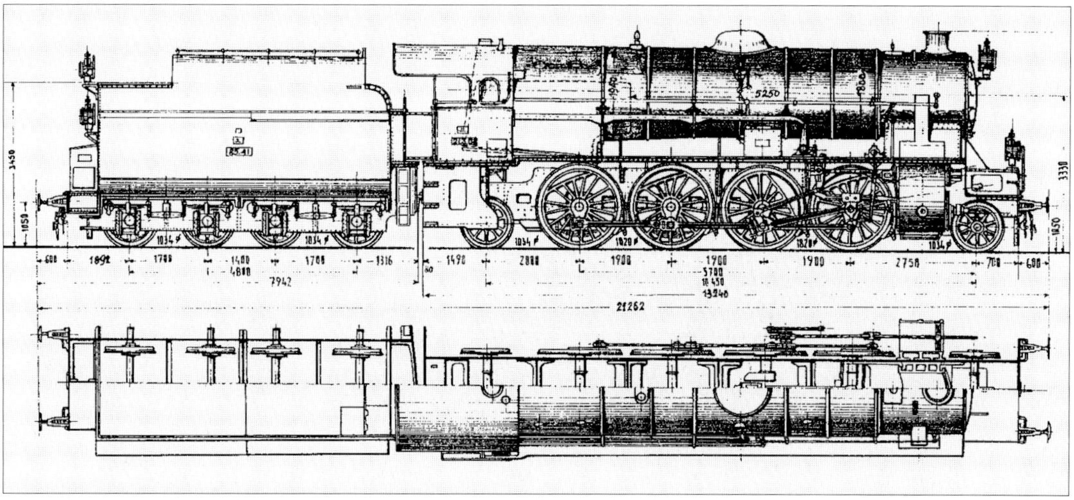

Der Entwurf einer 1'D1'h3-Schnellzuglokomotive mit 1820 mm Treib- und Kuppelraddurchmesser für den Bedarf in Österreich (Adolf Hofbauer)

und die spurkranzlose Treibachse gestatten ein zwangloses Durchfahren der Lokomotive durch Bögen von 180 m Halbmesser".

In etwa zeitlicher Reihenfolge kam dann eine Reihe amerikanischer 1'D1'-Lieferungen von der ALCO während des ersten Weltkrieges und noch kurz danach über den Atlantik für die Paris-Orleans Bahn (P.O.), für die Griechischen Eisenbahnen und die Spanische Nordbahn. Sie waren durchweg mit Barrenrahmen, Zwillingstriebwerk (mit Antrieb des dritten Kuppelradsatzes), Heusinger-Walschaert-Steuerung sowie mit großer, über dem Schleppradsatz liegender Feuerbüchse ausgerüstet.

Und gegen Ende des Krieges folgte dann die erste deutsche 1'D1'-Schnellzuglokomotive für die Sächsische Staatseisenbahn. Europa schien das ideale Einsatzgebiet leistungsfähiger Mikado-Reisezuglokomotiven geworden zu sein. Anscheinend wollte nur die Deutsche Reichsbahn davon nichts wissen. Selbst nach Erscheinen der preußischen P 10, der italienischen Reihe 746, weiterer britischer und belgischer, dann wieder französischer 1'D1'-Reisezuglokomotiven hatte die Reichsbahn mit einer Einheits-Schnellzuglokomotive dieser Achsfolge nichts im Sinn. Statt dessen brachte sie lediglich zwei viel zu schwerfällige 2'D2'h3-Schnellzuglokomotiven, die 06 001 und 06 002, auf die Beine, die den dringenden Vierkuppler-Bedarf auf Deutschlands Mittelgebirgs- und Hügellandstrecken nicht decken konnten. Hätte man nicht die 260 preußischen P 10-Lokomotiven im Bestand gehabt, so wäre sicherlich dem Beschaffungsprogramm eine entscheidende Wende gegeben worden.

Italiens Reihe 746

Aber schauen wir uns noch weiter im Ausland um: Die um etwa die gleiche Zeit wie die P 10 südlich der Alpen entwickelte und 1922 gelieferte 1'D1'h4v-Reisezuglokomotive mit 1880 mm Treib- und Kuppelraddurchmesser, Gruppe 746 der FS, wich von der wohl sonst weitgehend zum Vor bild genommenen sächsischen XX HV hauptsächlich durch die Verwendung eines Blechrahmens und durch den Vierzylinder-Antrieb auf die dritte Kuppelachse ab. Der Schleppradsatz wurde nach amerikanischem Muster in einem Außenrahmen-Bissel-Gestell gelagert. Seine beiderseitige Beweglichkeit hatte das Maß von jeweils 120 mm.

Eine um 1921 von der Elsässischen Maschinenbau-Gesellschaft entwickelte 1'D1'h2-Lokomotivgattung ging an die Französische Staats-

Die 1'D1'h3-Maschine „Cock o'the North", Klasse P 2, Nr. 2001 der London and North Eastern Railway

Die 1'D1'h4v-Schnellzuglokomotive der Reihe 746 der FS mit Brennkammerkessel

Die polnische Pt 31 wurde als Zwilling in 110 Exemplaren gebaut. Der Vorgänger Pu 29 als 2'D1'h2-Bauart setzte sich nicht durch

bahn. Sowohl die italienischen als auch die französischen 1'D1' jener zwanziger Jahre dienten der Beförderung schwerer Personen- und Schnellzüge.

Belgien mit schwerster 1D1-Lok

Ende der zwanziger Jahre folgte in unserem Nachbarland Belgien die Nationale Gesellschaft der Belgischen Eisenbahnen (S.N.C.B.) mit der Indienststellung der schwersten europäischen 1'D1'-Lokomotive ihrer Zeit. Sie wurde von der Société Anonyme des Ateliers Métallurgiques in Tubize konstruiert und diente der Beförderung internationaler Schnellzüge zwischen Brüssel und Arlon. Die Reibungsmasse dieser mit Baureihe 5 der S.N.C.B. bezeichneten Maschine belief sich auf 92 t bei 23 t Achsdruck! Ihre Rostfläche maß 5,5 m^2. Die Walschaert-Steuerung gab für Vor- und Rückwärtsfahrt eine größte Füllung von 78 Prozent her, wobei das Umsteuern sowohl über die Steuerschraube von Hand als auch mit Preßluft geschehen konnte.

Die 110 gebauten polnischen 1'D1'h2-Schnellzuglokomotiven der Gattung Pt 31 (Baujahr 1931) und die nach dem zweiten Weltkrieg fortentwickelten und gelieferten großen Schnellzuglokomotiven (Pt 47) zählten zu den erfolgreichsten osteuropäischen Mikado-Maschinen überhaupt.

Bulgarien und Jugoslawien stellten zahlreiche, nach deutschen Konstruktionsgepflogenheiten entwickelte Mikado-Reise- und Gemischtzuglokomotiven in ihren Fahrzeugbestand ein. Zu den Lieferanten zählten die Schweizerische Lokomotiv- und Maschinenfabrik in Winterthur (SLM) und Borsig. Henschel baute 1'D1'h2-Lokomotiven für die Türkischen Staatsbahnen, die ebenfalls den schweren Reisezugdienst zu bewältigen hatten.

Wir sind bei dieser Aufzählung schon in der Mitte der dreißiger Jahre angelangt. Bei der Deutschen Reichsbahn hatte man immer noch kein Verständnis für eine eigene 1'D1'-Reise- und Schnellzuglokomotive, obwohl die Jugoslawien- und Bulgarien-Lieferungen der Industrie weitgehend an die Norm der Einheitslokomotiven deutscher Prägung angeglichen waren. In Jugoslawien blieben die von August Meister inspirierten Konstruktionen der JZ-Baureihe 06 (1'D1'h2) bis um 1975 im Dienst. Sie zogen während mehrerer Fahrplanperioden die Schnellzüge zwischen Spielfeld-Straß (ÖBB) und Maribor (JZ), darunter auch den „Beograd-Express". Borsig hatte jene jugoslawischen Einheitslokomotiven im Jahre 1930/31 ausgeliefert. Während der deutschen Besetzung Jugoslawiens befanden sich 15 solcher JZ-Lokomotiven im Reichsbahn-Nummernverzeichnis (39 401–415). Ihre Betriebsgattung wurde mit P 46.18 angeschrieben.

Gresleys „Cock o'the North"

Als Dreizylinder-Lokomotive führte sich die 1'D1' bei der London & North Eastern Railway ein. In Doncaster gebaut, erschien sie in der Mitte der zwanziger Jahre und war sowohl zum Schleppen von 1600 t schweren Güterzügen zwischen London und Peterborough wie auch für Aufgaben des Reisezugdienstes bestimmt. Zur Überwindung größerer Steilrampen erhielt der Schleppradsatz eine Zusatzdampfmaschine mit zwei Zylindern von je 254 mm Durchmesser und 305 mm Kolbenhub. Diese L.N.E.R.-Mikados, Klasse P 1, waren für Sir H. Nigel Gresley Grund genug, den verheißungsvollen Schritt zur wahren 1'D1'-Schnellzuglokomotive zu wagen.
1934 verließ sie als 1'D1'h3-Lok, Betriebsnummer 2001 (Klasse P 2), die Werkstätten von Doncaster. Mit Kylchap-Saugzuganlage, einem Dreizylinderblock aus einem Gußstück und einem kombinierten Blech-Stahlgußrahmen schaffte sie eine Höchstleistung von 2100 PS am Zughaken.

Frankreich mit den meisten 1D1-Bauarten

Keine europäische Bahnverwaltung hat derart zahlreiche 1'D1'-Lokomotiven bestellt und in Betrieb genommen wie die französische S.N.C.F. und ihre Vorgänger-Gesellschaften. Schon die 1913/14 in Dienst gestellte P.L.M.-Mikado (Prototyp Nr. 1001) ist bis um 1930 mit gewissen Untergruppen und Verbesserungen in etwa 680 Einheiten gebaut worden, ohne die 50 Lokomotiven mitzuzählen, die mit der Ursprungsbauart übereinstimmten und der Nordbahn zugeteilt waren.

Die Variante mit einfacher Dampfdehnung, die aus zwei 1918 auf der Orléans-Bahn erschienenen Versuchslokomotiven entwickelt und beinahe unverändert nachgebaut wurde, kam mit 250 Einheiten (ab 1921) zum Staatsbahn-Netz (ETAT) und mit 150 Stück, in Amerika mit verschiedenen Änderungen gebaut, auf Rechnung der Orléans ins südwestliche Bahnnetz. Das waren schon insgesamt mehr als 1000 Schlepptender-Mikados für den französischen Reise- und Gemischtzugdienst.
Doch nicht genug: Von 1942 bis 1952 stellte die S.N.C.F. eine weitere bestaunenswerte Reihe leistungsfähiger 1'D1'-Lokomotiven (Klasse 141 P 1–318) in ihren Betrieb ein. Es waren Vierzylinder-Verbundlokomotiven mit 700 mm Kolbenhub, 1650 mm Kuppelraddurchmesser, 20 kg/cm² Kesseldruck und mit mechanischer Rostbeschickung (Typ HT 1 der Gesellschaft Stein & Roubaix).
Im Zugförderungsdienst war die 141 P für maximal 105 km/h zugelassen. Die Versuchsfahrten erstreckten sich bis in den Bereich von 125 km/h. Die höchste am Radreifenumfang gemessene Leistung belief sich auf 3500 PS bei 100 km/h. Bernard Robinet kommentierte: „Wenn auch wenig auffallend und wirklich nur von Kennern richtig gewürdigt, war der von den 141 P geleistete Dienst, im allgemeinen auf Strecken mit recht schwierigem Profil und mit beträchtlichen Schlepplasten, doch von hervorragender Qualität, und man kann betonen, daß diese Lokomotiven die Technik der französischen Verbundmaschine für gemischten Dienst gerechtfertigt haben, wobei die Ausgangsbedingungen, die man in den Entwurf gesetzt hatte, mit einem beachtlichen Spielraum erfüllt worden sind."
Die Ankunft von 1323 in den USA produzierten 1'D1'h2-Lokomotiven, Reihe 141 R, vervollständigte schließlich den Beschaffungsumfang und diesen groben Überblick vom Einsatz erfolgreicher Mikado-Lokomotiven in Frankreich, dessen Bahnverwaltungen schon immer auf vielen Gebieten des Lokomotivbaues und der Zugförderungstechnik schrittmachend waren.

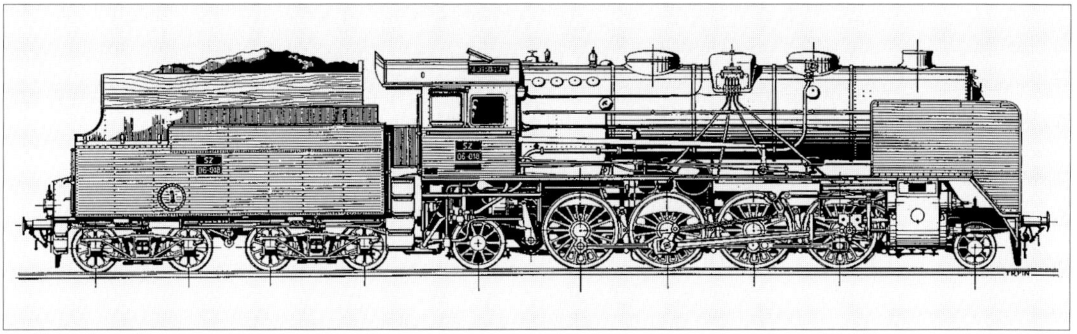

Die 1'D1'h2-Baureihe 06 aus dem Borsig-Einheitsprogramm für Jugoslawien

Vierkuppler-Reisezuglokomotiven haben auf den bedeutenden europäischen Hauptbahnen viele Zugförderungsprobleme hervorragend gelöst und konstruktive Meisterleistungen dargestellt, darunter auch die österreichische Reihe 214 als 1'D2'-Spielart und – mit gewissen Einschränkungen – auch die deutsche P 10. Leider fehlte eine P 10-Nachfolge-Entwicklung in angemessener Stückzahl. Stattdessen quälten sich Reichs- und Bundesbahn mit Dreikupplern ungenügenden Reibungsgewichts. Der Blick auf die Zahlentafel zeigt uns die technischen Merkmale unserer P 10 im Vergleich zu anderen europäischen 1'D1'-Lokomotiven unterschiedlicher Triebwerkkonzeptionen.

Urteile zur P 10

Was das Ausland und international bekannte Fachleute über die preußische P 10 schrieben, möge hier nur ein knapper Überblick in Textauszügen umreißen:

Adolph Giesl-Gieslingen (Wien): „Im Jahre 1922 hatten bei der 1920 gegründeten Deutschen Reichsbahn die Versuche mit der preußischen 1'D1'-Drillingslokomotive P 10 begonnen, deren Blasrohrmündung schon im Ursprungszustand 400 mm unter der Kesselmitte lag, wodurch für diesen Kessel und vom österreichischen ähnlicher Größe, selbst ohne den in Deutschland üblichen Schornsteinaufsatz, eine Mündungsweite von 500 mm erzielt wurde, mit Aufsatz etwa 25 mm mehr. Die im Laufe dieser Versuche verfolgten Bestrebungen Richard Paul Wagners, welche zu seiner Standardbauart mit knapp über dem Rauchkammerboden liegender Blasrohrmündung führten, sowie zu extremen Austrittsweiten von beispielsweise 640 mm bei der P 10, hatten bekanntlich schwache Feueranfachung zur Folge. Wagners Nachfolger Friedrich Witte zog ein Vierteljahrhundert später die Konsequenzen, indem er die Wagner-Schornsteine durch solche von vielfach 70 mm, bei der P 10 sogar 100 mm kleinerer Mündungsweite ersetzte und damit wieder in die Nähe der Ursprungsmaße kam. Man sieht, wie sehr und wie lange man in diesen Dingen im Dunkeln tappte."

Arnold Haas (New York): „Lokomotiven der 1D1-Achsfolge gab es in den USA ja fast nur für den Güterverkehr, und mit dem Drillingstriebwerk, wie bei der Borsigschen Lok, hatte man in den USA nur Enttäuschungen erlebt, während die Deutschen mit ihren Drillingen S 10^2, G 12, G 8^3 und nun mit der P 10 eigentlich nur Erfolge verzeichneten (von „Kinderkrankheiten" einmal abgesehen). Viele amerikanische Lokomotivfachleute kamen nach Deutschland, um diese h3-Bauarten, besonders aber die P 10, näher kennenzulernen."

J. F. Clay und J. Cliffe (London) in ihrem Buch über die LNER-2-8-2-Lokomotiven: „When the late R. E. Charlewood timed one of these engines on the densely occupied high-speed section between Leipzig and Berlin, No. 39 103 hauled a 415 ton train over the 102,2 miles in 109 min 36 sec. The engines were clearly capable of fast running." (Als der verstorbene R. E. Charle-

Chronologie der Entwicklung bedeutender europäischer 1'D1'-Regelspurlokomotiven

Bahnverwaltung		P.L.M.	kkStB	Sächs. Staatsbahn
Baureihe/Klasse		**141-A (101)**	**470.01-02**	**XX HV (19^0)**
Baujahr		1913/14 1)	1914 2)	1918
Lieferwerk		**Denain**	**Floridsdorf**	**Hartmann**
Triebwerk		h4v	h4v	h4v
Kesseldruck	**kg/cm^2**	**16**	**15**	**15**
Zylinderdurchmesser				
Hochdruck	mm	2 x 510	2 x 450	2 x 480
Niederdruck	mm	2 x 720	2 x 690	2 x 720
Kolbenhub	**mm**	**650/700**	**680/680**	**630/630**
Rostfläche	m^2	4,25	4,60	4,50
Feuerbüchs-Heizfläche	**m^2**	**15,64**	**15,50**	**15,46**
Rohr-Heizfläche	m^2	203,44	175,60	209,66
Verdampfungs-Heizfläche	**m^2**	**219,08**	**191,10**	**225,12**
Überhitzer-Heizfläche	m^2	70,63	49,40	74,00
Zahl der Heizrohre		**143**	**164**	**156**
Zahl der Rauchrohre		28	24	28
Rohrwand-Abstand	**mm**	**6000**	**4700**	**5800**
Durchmesser				
Kuppelräder	mm	1650	1614	1905
Laufrad vorn	mm	1000	1034	1065
Laufrad hinten	mm	1000	1034	1260
Tenderräder	mm	1050	1034	1000
Gesamtradstand Lok	**mm**	**11 200**	**9450**	**11 960**
Gesamtradstand Lok + Tender	mm	19 400	17 436	19 182
Dienstgewicht Lok	**t**	**93,3**	**86,65**	**99,9**
Leergewicht Lok	t	84,1	79,5	90,3
Reibungsmasse	**t**	**69,5**	**58,0**	**68,6**
Dienstgewicht Tender	t	51,0 3)	52,6 3)	62,8
Leergewicht Tender	**t**	**19,3**	**22,9**	**24,4**
Wasservorrat	m^3	23,1	21,0	31,0
Kohlevorrat	**t**	**8**	**8,3**	**7**
Zugkraft	kg	24 000	19 196	17 143
Zulässige Höchstgeschwindigkeit	**km/h**	**95**	**80**	**100 (120)**

1) Gilt als erste europäische 1'D1'-Schlepptenderlok
2) Erste mitteleuropäische 1'D1'-Gebirgs-Schnellzuglok
3) Dreiachsiger Tender, alle anderen vierachsig
4) Erste Entwürfe und Beschaffungspläne 1919, Erstlieferung 1922
5) Klammerwerte sind Dimensionen der Erstlieferung (nach Fuchs), andere Angaben nach DR/DB-Merkbüchern

wood Zeitmessungen eines von der Lok 39 102 gezogenen 415 t schweren Zuges auf dem dicht und schnell befahrenen Streckenabschnitt zwischen Leipzig und Berlin vornahm, war festzustellen, daß für die 102,2 Meilen genau 109 Minuten und 36 Sekunden benötigt wurden. Die Maschine war eindeutig für den schnellen Reisezugverkehr geeignet).

Auch André Chapelon (Paris) geht in seinem bekannten Dampflokomotivbuch kurz auf die P 10 ein: „Les Chemins de fer allemands ont fait construire en 1922 leur série P 10, à roues de 1,75 m de diamètre, qui possédait une chaudière avec foyer Belpaire à grille trapézoidale également. Ces machines, à 3 cylindres, simple expansion, sont les premières qui aient reçu des

Preuß. Staatsbahn	FS	L.N.E.R.	S.N.C.B.	P.K.P.
P 10 (39⁰⁻²)	**746**	**P-1**	**5**	**Pt 31**
1919/1922 4)	1922	1925	1929	1931/32
Borsig	**Breda**	**Doncaster**	**Tubize**	**Chrzanow**
h3	h4v	h3	h2	h2
14	**14**	**12,6**	**14**	**15**
3 x 520	2 x 490 2 x 720	3 x 508	2 x 720	2 x 630
660	**680/680**	**660**	**720**	**700**
4,00	4,30 7)	3,83	5,50	4,50
17,50	**17,00**	**20,00**	**22,19**	**17,00**
203,20	220,00	252,00	262,09	222,80
220,70	**237,00**	**272,00**	**284,28**	**239,80**
82,00	67,00	48,80	112,52	90
138	**185**	**168**	**170**	
34	27	32	43	
5800	**5800**	**5791**	**6000**	**5800**
1750	1880	1575	1700	1850
1000	1110	965	900	1000
1100	1125	1118	1262	1200
1000	1125	1143	1250	1000
11 600	**11 240**	**11 024**	**11 050**	**12 220**
19 300	20 200	18 187	20 600	20 235
110,4 (98,0) 5)	**93,80**	**101,5**	**130,5 10)**	**105,0**
100,4 (87,0)	86,1	91,3	118,1	96,0
75,7 (68,0)	**64,8**	**72,5**	**90,8**	**73,2**
65,1 (64,9)	50,1	52,2 3)	82,52	72,0
26,6 (26,4)	**22,1**	**23,8**	**34,22**	**30,5**
31,5	22,0	21,3	38,3	32,0
7	**6**	**7,1**	**10**	**9 (10)**
17 130 6)	14 000 8)	17 500 9)	23 050	16 800
110	**100**	**75**	**100**	**110**

6) Indizierte Zugkraft (0,8p)
7) Feuerbüchse mit Brennkammer
8) Größte Zugkraft am Radumfang gemäß FS-Mitteilung
9) Zugkraft ohne Booster nach Angaben von O. Bulleid. Zugkraft mit Booster 21 350 kg
10) Schwerste europäische 1'D1'-Schlepptenderlok. Ausrüstung mit zwei Blasrohren (je Zylinder ein Saugzug)

écrans parafumées." (Die deutschen Eisenbahnen ließen im Jahre 1922 ihre Baureihe P 10 bauen, mit 1,75 m Kuppelraddurchmesser. Die Lokomotiven besaßen einen Belpaire-Stehkessel mit trapezförmiger Rostfläche. Sie hatten drei Zylinder bei einfacher Dampfdehnung und waren die ersten, die Windleitbleche erhielten.)

Jeder Rezensent artikuliert anders und setzt die Akzente auf verschiedene Fakten. Und dennoch: Die P 10 hat bei ihrem Erscheinen die Aufmerksamkeit der Ingenieure auf sich gelenkt. Man mußte diese neue Maschine zur Kenntnis nehmen, und ihr Betriebseinsatz ist auch noch später im Ausland mit Interesse kommentiert, beachtet und gewürdigt worden.

Ausfahrt frei für die Borsig-Lokomotive 39 005 zu Anfang der dreißiger Jahre im Hauptbahnhof Leipzig

5. Achsdruckprobleme und die Versäumnisse der Bahnverwaltungen

Die ersten Betriebseinsätze der recht schweren preußischen P 10 hatten schon bald ziemlich unliebsame Folgen. Durch außergewöhnlich hohe Beanspruchungen zeigten sich nach einiger Zeit nicht mehr zu ignorierende Schäden am Oberbau und an verschiedenen Brücken, darunter mehrere über Weser und Elbe. So ereilte die mit 19 t mittlerem Kuppelachsdruck für damalige Verhältnisse sehr gewichtigen P 10-Lokomotiven die amtliche Verfügung mit dem vorläufigen „Aus!".

Kalt abgestellt dämmerten die neuen Parade-Maschinen den ungewissen Tagen eines neuen Dienstantritts entgegen.

Es fanden sich zunächst nur wenige erfreuliche Aufgaben, meist in den Dienstplänen der Bahnbetriebswerke Hagen-Eckesey, Kassel-Bahndreieck, Berlin Anhalter Bahnhof und Halle P. Man kam eben in der ersten Hälfte der zwanziger Jahre um Zulassungsbeschränkungen nicht herum.

Einen treffenden Zustandsbericht gab Oberregierungsbaurat Kommerell, Mitglied des damaligen Eisenbahn-Zentralamtes Berlin, während der Eisenbahntechnischen Tagung und ihrer Ausstellungen in Seddin 1924: „Zum Schaden des Lokomotivbaues hat man sich bei uns leider in früheren Jahren bei den Entwürfen der Lokomotiven vielfach nach der Tragfähigkeit der vorhandenen Brücken und des Oberbaues sowie der Länge der Drehscheiben und Schiebebühnen gerichtet. ...

Die 39 125 mit den neun Wagen des D 231 im Jahre 1936 in Wuppertal-Unterbarmen

Nicht überall standen solch moderne Bahnbetriebswerke mit neuen Schuppen und zeitgemäßen Einrichtungen zur Verfügung wie in Hagen-Eckesey. Aufnahme mit der 39 141 aus dem Jahre 1932

Aber Brücken, Oberbau, Drehscheiben und Schiebebühnen müssen sich nach den Bedürfnissen des Fahrzeugbaues richten und nicht umgekehrt. ... Entsprechend der geschichtlichen Entwicklung und den jeweils maßgebenden Lastenzügen, die zudem bei jedem Land wieder andere waren, zeigt bei der Deutschen Reichsbahn die Brückenkarte ein überaus buntes Bild. Das Eigentümliche ist dabei, daß gerade die wichtigsten Linien, weil sie in der Regel die ältesten sind, die schwächsten Brücken aufweisen, während untergeordnete, oft erst in diesem Jahrhundert gebaute Nebenbahnen die stärksten Brücken haben."

Das war deutlich, und schließlich hatte man an zukünftige Verkehrsanforderungen zu denken: „Selbstverständlich muß jede einzelne Brücke nachgerechnet werden. Bei der Einreihung der einzelnen Brücken in die verschiedenen Klassen kommt natürlich auch ihr baulicher Zustand in Betracht. Bei den vor 1895 meist aus Schweißeisen erbauten Brücken hat eine Nachrechnung ergeben, daß diese Brücken unter den derzeit in Betrieb befindlichen Lokomotiven, insbesondere P 10, G8, G 12, T 14, T 16 und T 20, meist so erheblich über die zulässige Grenze beansprucht werden, daß Strecken, in denen solche Brücken noch liegen, mit dem nötigen Sicherheitsgrad nur mit den alten, leichteren Lokomotiven befahren werden können."

Und die Versäumnisse der Vergangenheit machte der Zentralamtsingenieur Dr. Kommerell besonders deutlich: „Es kommt aber noch dazu, daß die alten Lokomotiven nach und nach ausgemustert werden, so daß schließlich ein Zeitpunkt kommt, wo der Betrieb auf den schwachen Strecken mangels geeigneter Lokomotiven überhaupt nicht mehr durchgeführt werden kann."

Die P 10 hatte also bemerkenswerte Startschwierigkeiten, übrigens auch bei den Einsatzstellen Karlsruhe und Erfurt. Immerhin sind die dynamischen Einwirkungen der Verkehrslast auf Eisenbahnbrücken sehr verschieden und in ihrer Summe nur mit großen Sicherheitszuschlägen in der Berechnung beherrschbar. Die von den Lokomotiven ausgehenden Stoßwirkungen sind abhängig vom Massenausgleich des Triebwerkes, von der Fahrgeschwindigkeit, von der Anordnung und Auslegung der Federsysteme, von der Eigenmasse und der Lastverteilung.
Hinzu kommen noch von der Fahrdynamik herrührende Seitenkräfte. Stählerne Brücken reagieren auf solche Einwirkungen besonders empfindlich, zumal Schwingungserscheinungen den Verschleiß fördern und die Bruchgefahr erhöhen. Auf der Sitzung des „Ausschusses für Technische Angelegenheiten" im Verein deutscher Eisenbahnverwaltungen ist am 25. Juni 1924 in Mariazell der vom Brückenbau-Ausschuß vorgelegte Entwurf des neuen Achsdruckverzeichnisses angenommen worden.
Dieses Brücken-Gremium hatte zuvor schon in mehreren Tagungen in Heilbronn, München, Leipzig und Salzburg, zum Teil gemeinschaftlich mit dem Wagenbau-Ausschuß das schwierige Problem behandelt, nachdem die für die einzelnen Strecken zugelassenen Raddrücke „sehr häufig von den verwendeten Lokomotiven überschritten" worden war. Oberregierungsbaurat Kommerell hierzu: „Es wird in den nächsten Jahren viel geschehen müssen, um unsere Eisenbahnbrücken instandzusetzen, den Anforderungen, die der Betrieb und die uneingeschränkte Verwendung leistungsfähiger Fahrzeuge stellen, gerecht zu werden."

Mit Nachdruck die Strecken verstärkt

Ab etwa Mitte der zwanziger Jahre gab es allmählich grünes Licht für die P 10 zu großräumigeren Einsätzen. Mit Einführung neuer Lastenzüge der Deutschen Reichsbahn-Gesellschaft wurden die Arbeiten zur Schaffung einheitlicher Vorschriften für die Berechnung und den Entwurf stählerner Eisenbahnbrücken aufgenommen.
Der Umbau schwacher Brücken wurde dann seit Mai 1924 mit Nachdruck betrieben. Ein Jahr später befanden sich bereits mehrere große Objekte im Umbau-Stadium, darunter die 770 m lange Elbe-Brücke bei Hämerten in der Elbe-Niederung (Strecke Berlin – Stendal), die Norderelbe-Brücke in Hamburg, die Elbe-Brücke bei Meißen, die Warnow-Brücke in der Nähe von Rostock, die 334 m lange Ems-Brücke bei Weener, die Lechbrücke bei Augsburg-Hochzoll, die Neckarbrücke bei Rottweil und der Hornberger Viadukt. Mit diesen Maßnahmen gelang es, der P 10 ihre angemessenen Zugförderungsdienste in den meisten Direktionsbezirken, vor allem Berlin, Breslau, Dresden, Erfurt, Essen, Halle, Hannover, Kassel, Köln, Magdeburg, Stuttgart und Wuppertal zuzuteilen.

Die 39 126 rollt 1936 mit dem D 126 unterhalb der Kasselburg in den Bahnhof Pelm. Die nächste Station ist Gerolstein. Rechts zweigt die Strecke in Richtung Daun – Mayen ab

6. Die Steuerung – Heusinger oder Walschaert?

Es mag dahingestellt bleiben, ob die Dampfmaschinen-Steuerung Heusingers wichtigste Erfindung war. Tatsache ist jedenfalls, daß mit der Lokomotivsteuerung der Name Edmund Heusinger von Waldegg (1817 – 1886) in mitteleuropäischen Eisenbahnfachkreisen bei allen Lokomotivbauern und -interessenten in den technischen Wortschatz eingegangen ist.

Als Heusinger sich dem Lokomotivbau zuwandte, galten noch die alten Gabelsteuerungen von Stephenson, Hawthorn, Sharp, Norris, Clapeyron und anderen als übliche Norm. Sie besaßen nur drei Einstellpositionen, nämlich „vorwärts", „ausgeklinkt" und „rückwärts". An eine Füllungsregelung war noch nicht zu denken. Erst die zusätzlichen Expansionssteuerungen, die sogenannten Doppelschieber-Steuerungen, von Meyer, Gonzenbach und Borsig ließen mehrere Expansionsstufungen zu. Aber die inzwischen erfundenen Kulissensteuerungen waren einfacher und billiger. Einige der ersten Schwingensteuerungen hatten im Jahre 1842 Williams und Howe konstruiert. Beide arbeiteten als Techniker in der Stephensonschen Lokomotivfabrik, und so hießen ihre Konstruktionen eben Stephenson-Steuerung.

Eine Variante, bei der nicht die Kulisse, sondern die Schieberstange während des Umsteuerns gehoben oder gesenkt wurde, stammte aus dem Jahre 1843 vom Maschinendirektor Daniel Gooch der Englischen Großen Westbahn. Die dann vielerorts gelobte und in zahlreichen Lokomotiven eingebaute Spielart mit gerader Kulisse wurde 1855 von Alexander Allan (Werkstätten Crewe der London & North Western Railway) und ungefähr zeitgleich von Josef Trick (Kesslersche Lokomotivfabrik, Esslingen) angegeben. Ähnlich wie bei dieser Allan-Trick-Steuerung lag auch bei der Heusinger-Steuerung im Prinzip eine Doppel-Erfindung vor, denn der Belgier Egide Walschaert schlug dieselbe Steuerungsbauart vor und bekam schon am 30. November 1844 darauf ein belgisches Patent. Korrekterweise bleibt festzustellen, daß Heusinger mit seiner Erfindung erst einige Jahre später herauskam, allerdings – wie es in der Literatur heißt – ohne die belgische Erfindung gekannt zu haben.

Jene neue, bei der P 10 und fast allen nach der Jahrhundertwende gebauten deutschen Dampflokomotiven angewandte, nach Heusinger benannte Steuerung hatte gegenüber den anderen Kulissensteuerungen sehr geschätzte Vorteile: Konstantes Voreilen, geringe Beeinflussung durch das Federspiel, Anordnung aller kinematischen Bau-Elemente in einer Fluchtebene, Fortfall der schweren und zum Heißlaufen neigenden Hubscheiben sowie wartungsfreundliche Möglichkeit der äußeren Anordnung in der Kombination mit waagerechtem Schieberspiegel. Bei uns und in Österreich heißt sie Heusinger-Steuerung, in der Schweiz und im fremdsprachlichen Ausland nennt man sie überwiegend Walschaert-Steuerung.

Aber einen gewissen Unterschied gab es doch. Darauf wies auch Fritz Schneeberger (Bern) hin. Betroffen war dabei die Verbindung des Voreilhebels mit dem Kreuzkopf. Beim Walschaert-Patent war ein Lenker mit Gelenkzapfen vorgesehen. Heusinger führte die untere Anlenkung des Voreilhebels in einer am Kreuzkopf geschickt gelagerten drehbaren Hülse, wobei das Verschleißverhalten aber etwas ungünstiger ausfiel. Und schon Robert Garbe erlaubte sich die Bemerkung: „Beide Steuerungen stimmen in ihrer Einzelanordnung nicht vollständig überein. ... Die heutigen Anwendungen entsprechen mehr dem Patent von Walschaert, und es erscheint richtiger, die Steuerung nach ihm zu benennen."

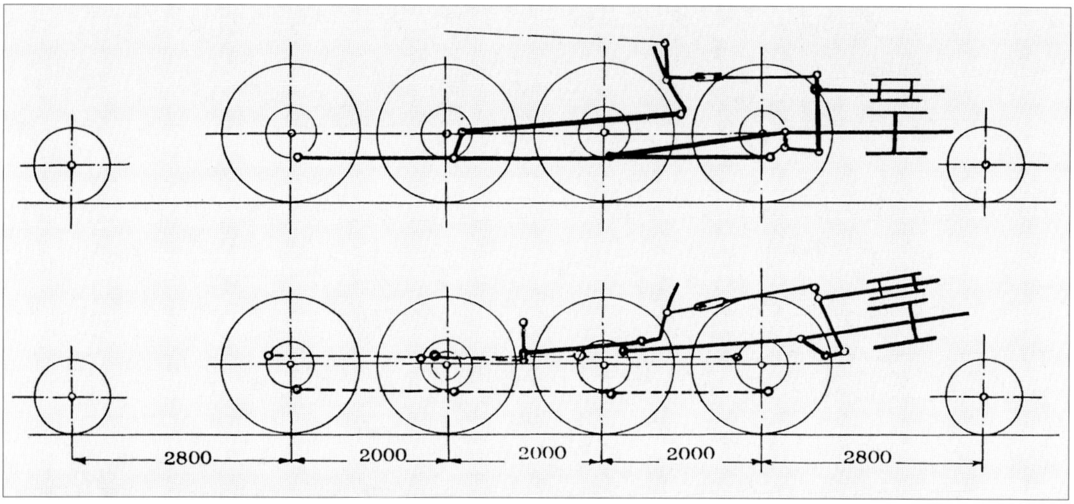

Das Schema der Steuerungsanordnung bei der P 10, oben das Außen-, unten das Innentriebwerk

Steuerungsantrieb mit Kuhnscher Schleife auf der Lokführerseite der P 10

Trotzdem hat sich am Sprachgebrauch nichts geändert und es blieb in Deutschland bei der „Heusinger-Steuerung."

Die Steuerung der P 10 läßt sowohl bei Vorwärts- als auch bei Rückwärtsfahrt Füllungsgrade bis zu 80 Prozent zu. Dabei erhielt der Mittelzylinder einen eigenen Steuerungsantrieb. Die innere Schwinge wurde dabei von der linken Gegenkurbel am dritten Kuppelradsatz angetrieben. Den Voreilhebel der mittleren Steuerung mußte man natürlich innen anlenken.

Ein Charakteristikum der Steuerung war das Heben und Senken der drei Schieberschubstangen über gegabelte Aufwerfhebel durch vor den Schwingen liegende Kuhnsche Schleifen. Diese Art der Heusinger-Steuerung entsprach einer Ausführung, die für die P 10 als Bauart Winterthur-Borsig in den Sprachgebrauch eingegangen ist. Die gleichachsige Lagerung von Schwinge und Steuerwelle kam mit einem recht kleinen Raumbedarf aus.

Die Neigung des Schwingensteins zum Fressen führte bei der Karlsruher Lokomotive 39 230 zur Anwendung der Hängeeisenbauart, die bei den Lokomotiven des Einheitstypenplanes ohnehin vorgezogen wurde. Bei der Gattung P 10 blieb jedoch die Hängeeisen-Variante ein Einzelfall. Aber man fand durchaus auch während der Einheitslokomotiv-Entwicklung manchen Fürsprecher der Kuhnschen Schleife. Alfons Meckel, damals Oberingenieur im Vereinheitlichungsbüro der Deutschen Lokomotivbau-Vereinigung in Berlin-Tegel, schrieb 1930 im Organ für die Fortschritte des Eisenbahnwesens: „Ob nicht ausreichende Steindimensionierung sowie reichliche und richtige Steinschmierung zusammen mit zweckmäßiger Werkstoffwahl des Steins (G Bz 14) und richtigen Spielen bei kräftiger Durchbildung der Steuerwelle und der Aufwerfhebel zur Anwendungsmöglichkeit der konstruktiv besten und einheitlichen Bauart Winterthur-Borsig geführt hätte, soll dahingestellt bleiben."

Oben: Triebwerk, Radsatzgegengewichte, Steuerungsantrieb des Außenzylinders und Schwingenantrieb des Innenzylinders auf der Heizerseite der 39 035. Aufnahme vom Mai 1964. Unten: Die gleiche Ansicht bei der 39 230, der einzigen P 10 mit Hängeeisensteuerung. Aufnahme vom Oktober 1985

Bei bestimmten Kurbelstellungen entstand durch die kurze Treibstange und die beiden Steuerungsantriebe ein ungewohntes Bild, erst recht in der Bewegung. Aber gerade auch das machte den Reiz der P 10 mit aus. Die 39 254 in einer Aufnahme aus Spaichingen vom Mai 1965

Das sogenannte Steinspringen ist eine recht unangenehme Erscheinung, die bei fast allen Schwingensteuerungen auftritt. Darunter versteht man eine Relativbewegung des Steines in der Schwinge, wodurch sich die Dampfverteilung während der Schwingenbewegung verändert. Diese Mobilisierung des Schwingensteines kommt deshalb zustande, weil jeder Punkt in der Schwinge bei deren oszillierender Drehbewegung ein Kreisbogenstück beschreibt, während das Ende der Schieberschubstange geometrisch anders geführt wird. Das geringste Steinspringen zeigt sich bei Aufhängung der Schieberschubstange mit Hängeeisen bei Vorwärtsfahrt, da hierbei der Anlenkpunkt und der Schwingenstein sich ungefähr auf gleichen Kreisbogenbahnen bewegen. Bei Rückwärtsfahrt wird die Sache aber ungünstiger, da nun die beiden Kreisbögen entgegenlaufen.

Diese Vorgänge sind auch heute noch interessant, weil sich ja weiterhin viele Museums-Dampflokomotiven in Betrieb befinden. Bei der P 10 mit ihren Kuhnschen Schleifen bewegte sich das Schieberschubstangen-Ende bei jeder Stellung des Schwingensteins geradlinig. Es war etwa so, als hätte man ein Hängeeisen mit unendlicher Länge verwendet. Aber bei dieser Art der Aufhäng der Schieberschubstange sorgte die Kinematik dafür, daß das Steinspringen in beiden Schwingenhälften etwa gleich groß wurde.

Traten während der Fahrt Schäden am Triebwerk oder an der Steuerung auf, so daß die Fortsetzung der Fahrt nur nach Außerbetriebsetzung eines Teiles des Dampfmaschinentriebwerkes möglich war, dann mußten bestimmte Vorschriften beachtet werden. Falls keine Ersatzlokomotive zur Verfügung stand, kam das sogenannte „Lahmlegen“ in Betracht. Die Drillingslokomotive P 10 gab folgendes zu beachten: Mußte die Innen-Dampfmaschine lahmgelegt werden, dann waren ihre Schwingenstange und Lenkerstange abzunehmen. Den Schieber fixierte man in der Mittelstellung. In der Eisenbahnschule Hamburg-Eidelstedt lehrten die Inspektoren im Hinblick auf die P 10

Die 39 058, abschleppfähig mit vorschriftsmäßig lahmgelegtem Triebwerk, am 11. Mai 1966 in Stuttgart

außerdem: „Kann der Innenkolben nicht mitlaufen, ist er in der vorderen Endposition zu befestigen. Die Treibstange wird abgenommen. Kann aber der Kolben mitlaufen, sind die beiden Zylindersicherheitsventile abzunehmen. Hierbei läuft die kleine Schwingenstange auf der linken Außenseite mit, und die Zwischenwelle schwingt. Muß jedoch die äußere Schwingenstange auch demontiert werden, so ist zunächst die Schwingenstange der linken Außenmaschine abzunehmen. Alsdann ist aus dem hinteren geschlossenen Kopf der kleinen Schwingenstange das Lager mit den Beilagen zu entfernen, am vorderen Ende die Schwingenstange von der Übertragungswelle zu lösen und durch wiederholtes Kippen über die linke Schwingenstange abzunehmen. Dann wird die äußere Schwingenstange wieder angebaut. Im übrigen kann der Schieber auch durch Abnehmen der Verbindungsstange zwischen innerer Schwinge und Zwischenwelle ausgeschaltet werden."

Analoge Vorschriften oder Anweisungen gab es selbstverständlich auch für die mit drei Zylindern ausgestatteten Einheitslokomotiven. Recht interessant erscheint noch die Absicht der alten Stuttgarter Direktion, während des Nachkriegsreparaturprogrammes die mit Schadgruppe L 4 in die Maschinenfabrik Esslingen gebrachten P 10-Lokomotiven anhand von neu erstellten Esslinger Umbau-Zeichnungen auf Hängeeisensteuerung umzurüsten. Aber Werkstoff-Beschaffungsschwierigkeiten mit der damals leidigen Kontingentierung und die Hast bei den anderen notwendigen und dringenden Lok-Instandsetzungen machten solche Vorhaben zunichte.

Es blieb also beim „Status quo". Die Kuhnschen Schleifen ließ man auch weiterhin im Steuerungsmechanismus der P 10. In der Kulisse belief sich übrigens die größte Bewegung des Steins (rechts außen gemessen) auf 248 mm nach oben und 256 mm nach unten. Für die Steuerung des Innentriebwerks wurde der maximale Weg des Steins in der Kulisse, auch Schwinge genannt, mit 246 mm nach oben und 234 mm nach unten festgestellt.

2. September 1962: Die 39 042 vom Bahnbetriebswerk Jünkerath wendet im Bw Köln-Deutzerfeld für die Rückfahrt über die Eifelbahn. Im Hintergrund die 39 014

7. Die Baureihe 39 bei der DB

Als der Waffenlärm im Jahre 1945 verstummte, waren die Strecken und das Rollmaterial zerstört, beschädigt oder ziemlich heruntergewirtschaftet. Den Anlagen und Einrichtungen der Ausbesserungswerke erging es kaum anders. Sie boten ein trostloses Bild. Es galt, die Trümmer und den Schutt zu beseitigen. Und man mußte sich beim betrieblichen Wiederanfang zunächst darauf beschränken, die wenigen einigermaßen brauchbaren und betriebsfähigen Fahrzeuge instandzuhalten.

Wer kann defekte Lokomotiven ausbessern?

Etwa von der Mitte des Jahres 1947 an wurde die weitere arbeitstechnische Entwicklung durch den allgemeinen Tiefstand des Wirtschaftslebens nachhaltig und empfindlich gehemmt. Die Eisenbahn-Ausbesserungswerke gerieten in Bedrängnis. Es gelang nur durch Einschalten der privaten Industrie, vornehmlich der Lokomotiv- und Waggonfabriken sowie ungefähr 100 branchenfremder Betriebe, denen man Kessel-, Rahmen- oder Tender-Reparaturen zutrauen konnte, einen Schienenverkehrsnotstand zu verhindern.

In den Lokomotivfabriken war die größte Zahl der Werkangehörigen an den Neubau von Lokomotiven gewöhnt und eingespielt, während die Belegschaft der Eisenbahn-Ausbesserungswerke seit Jahrzehnten mit einschlägigen Dienstvorschriften und Taktverfahren auf die planmäßige Wartungs- und Reparaturarbeit spezialisiert war. Eine enge Zusammenarbeit zwischen Lokomotiv-Industrie und Ausbesserungswerken förderte rasch den Gedankenaustausch und beseitigte in der Not schnell die Anlaufschwierigkeiten der von der Privatwirtschaft durchzuführenden Reparaturen.

In der Startphase erhielt die Industrie überwiegend Bedarfsausbesserungen der Schadgruppe L 0, bald aber fast nur noch Hauptausbesserungen und Zwischenuntersuchungen der Schadgruppen L 3 und L 4. Das war allerdings leichter gesagt als getan. Der Krieg hatte ja auch die Lokomotivfabriken nicht verschont. Der Schienenfahrzeugbau von Krupp war beipielsweise völlig zerstört, andere Werke hatten lähmende Schäden erlitten und manche traditionsreiche Lokomotivfabrik (Schwartzkopff, Schichau) fiel ganz aus.

Die Aufräumungsarbeiten beim unter kaum noch nachvollziehbaren Bedingungen in die Wege geleiteten Wiederaufbau waren noch längst nicht beendet, als es in mancher Fabrik bereits in der zweiten Hälfte des Jahres 1945 schon notdürftig gelang, mit den Reparaturen von Privat- und Reichsbahnlokomotiven langsam zu beginnen. Aber noch in den Wintermonaten 1946/47 wurde in der Kruppschen Kesselschmiede mitunter bei –9°C gearbeitet, weil die geflickten Heizungen nicht in der Lage waren, ausreichend Wärme herzugeben.

Das Lokomotiv-Ausbesserungsprogramm der inzwischen gegründeten Deutschen Bundesbahn lief für die Privatwirtschaft formal im Jahre 1949 aus, aber noch 1950 verließen instandgesetzte Schadlokomotiven die Werkhallen der Industrie, wobei viele zu Schrott geschossene Lokomotiven als Ersatzteilspender dienten. Allein Henschel in Kassel war mit 1532 Lokomotiven und 41 Kesseln an der damaligen mehrjährigen Instandsetzungsaktion beteiligt.

Die Länderbahn-Lokomotiven hatten noch einen beträchtlichen Anteil in der Wiederaufarbeitung. Die zuvor vor allem und bis zu Kriegsbeginn nur noch den Erhaltungswerken Brandent West, Paderborn und Offenburg zugeteilten P 10-Lokomotiven mußten in den ersten Nachkriegsjahren größtenteils in den Lokomotivfabriken instandgesetzt werden, nachdem diese drei genannten Ausbesserungswerke zunächst ausfielen oder Wiederanlaufprobleme hatten.

Die 39 230 – die einzige Maschine mit Hängeeisensteuerung – blieb erhalten und wurde 1985 bestens restauriert in Bochum Dahlhausen der Öffentlichkeit präsentiert. Unten: In der Nähe von Stuttgart West kommt 1962 ein Eilzug vom Bodensee die Steigung herab

Die 39 230, bevor jemand ahnte, daß sie einmal zur Museumslokomotiver werden würde, am 20. September 1963 im Bw Villingen. Unten: Der Eilzug 594 Stuttgart – Konstanz beim Halt in Radolfzell am 1. September 1964. Bei der 39 058 fällt der im Vergleich zur Ursprungsausführung engere Schornstein auf

Aufarbeitung von P 10 in der MF Esslingen

Betriebsnummer	Schadgruppe	Ablieferdatum
39 148	L 4	30.9.1948
39 241	L 4	16.10.1948
39 196	L 4	5.11.1948
39 035	L 4	26.11.1948
39 072	L 4	17.12.1948
39 121	L 4	24.12.1948
39 024	L 4	12.1.1949
39 199	L 4	1.2.1949
39 140	L 4	3.2.1949
39 148	L 0	4.3.1949
39 139	L 4	14.3.1949
39 058	L 4	8.4.1949
39 173	L 4	30.4.1949
39 207	L 4	10.6.1949
39 238	L 4	6.7.1949
39 147	L 4	22.7.1949
39 236	L 4	7.10.1949
39 095	L 4	6.4.1950
39 235	L 4	16.5.1950
39 235	L 0	11.7.1950

Erst allmählich konzentrierte die DB die Werkstattbehandlung der im Westen verbliebenen 154 oder 155 Lokomotiven der Baureihe 39^{0-2} im Ausbesserungswerk Offenburg. Zwischenzeitlich erhielten zahlreiche P 10, überwiegend der Schadgruppe L 4, in der Maschinenfabrik Esslingen ihren friedensmäßigen Schliff.

Die Maschinenfabrik Esslingen war früher am Neubau dieser preußischen Schlepptender-Lokomotiven nie beteiligt gewesen. Man mußte sich erst anhand der zur Verfügung gestellten Zeichnungen und Arbeitsanweisungen mit der P 10 vertraut machen. Die Ausbesserungsleistungen wuchsen und die Esslinger Lokomotivbauer fanden schnell den Weg zur vollen planmäßigen Ausbesserung. Der Auszug aus dem Reparatur-Programm für die Maschinenfabrik Esslingen gibt einen Überblick.

Trotz ihrer vielseitigen Verwendung im Güterzugdienst und sehr oft im schweren Schnellzugdienst bei Geschwindigkeiten von über 100 km/h verzeichnete der Werkstättendienst nicht unbedingt auch einen auffallend höheren Trieb- und Laufwerk-Verschleiß als bei mancher angestammten Einheits-Schnellzuglokomotive. Erst die altersbedingten Abnutzungen und Schadanfälligkeiten der P 10 verursachten einen größeren Erhaltungsaufwand.

Andererseits war das Zerlegen und der Wiederzusammenbau des vielteiligen Innentriebwerks bedeutend zeitaufwendiger. Zwillingsmaschinen mit alleinigen Außentriebwerken waren hierbei der P 10 gegenüber im Vorteil.

Problematisch gestalteten sich bei der P 10 die Instandsetzungsarbeiten des Belpaire-Stehkessels mit seinem Trapez-Rost. Das Kümpeln und Anpassen von Ersatzstücken für abgezehrte oder zerstörte Teilbereiche an den Außenwandungen der Stehkessel oder für korrodierte Feuerbüchsdecken und -wandungen, das Einsetzen sogenannter Kesselflicken und Streifen waren meist schwieriger als bei den Kesseln der Einheitslokomotiven. Oft hatten es die Esslinger Lokomotivbauer nicht nur mit der Erneuerung schadhafter Teile und Rohre, sondern eben auch mit deren Umbau sowie mit dem Auswechseln von Bauelementen und Armaturen zu tun, die entweder aus Lagerbeständen oder den im Werkhof abgestellten Ersatzteilspender-Lokomotiven entnommen wurden. Der allmählich verstärkt vorangetriebene Wiederbeginn vervollkommneter Schweißverfahren half, viele Fertigungsvorgänge zu vereinfachen und zu beschleunigen.

An einen großzügigen Dampflokomotiv-Neubau dachten zunächs nur die Idealisten, aber ein leistungsfähiger, der P 10 ebenbürtiger, jedoch auf den neuesten technischen Stand gebrachter und vereinheitlichter Vierkuppler wurde schon während der Projekt-Anfänge zerredet. Hinzu kam natürlich auch die Untersuchung der von der Deutschen Reichsbahn und der Gemeinschaft Großdeutscher Lokomotivfabriken (GGL) begonnenen Dampflok-Entwurfsarbeiten und die während des Krieges praktisch wirksame „Suspendierung" des seinerzeitigen Lokomotiv-Ausschusses, der dann erst am 17.9.1949 für die britische und amerikanische Zone neu eingesetzt wurde. Zu seinen Mitgliedern zählten übrigens Abteilungspräsident Hörmann (München), Reichs-

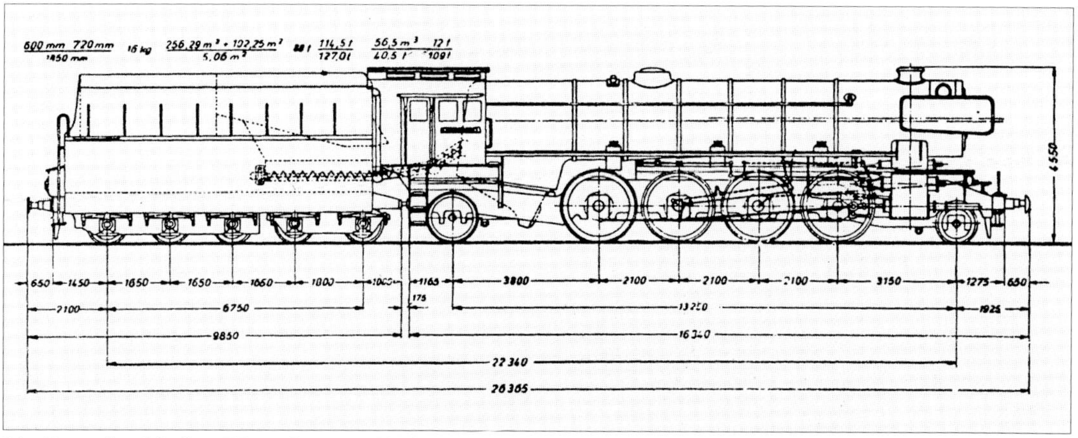

Die Baureihe 20 der DB – eine um 1950 geplante, aber nie gebaute 1'D1'h3-Schnellzuglok mit Stokerfeuerung, 1850 mm Treib- und Kuppelraddurchmesser und fünfachsigem Tender

bahndirektor Alexander Lehner (früher ÖBB) und Ministerialdirektor Richard Paul Wagner.

Eine 1'D1'-Neubaulok?

Bei den Entwicklungsarbeiten zur neuen Baureihe 23 sprach man wohl vom Ersatz der P 8, jedoch kaum von einer Ablösung der P 10, obwohl auf Jahre hinaus der gesamte Wiederaufbau fast allein auf dem Dampflokomotivbetrieb basierte. Die Planungen mit Widersprüchen, mancher Verständnislosigkeit, mit Gegenargumenten der Kraftfahrer-Lobby und Wirtschaftlichkeitserwägungen gespickt, führten letztlich zum nur geringen Neubau von lächerlichen 105 Personenzug-Schlepptender-Lokomotiven, die weder die P 8 verdrängen noch die Nachfolge der P 10 antreten konnten.
Noch 1949/1950 ließ Ministerialrat Friedrich Flemming, Offenbach, die Notwendigkeit eines Vierkupplers (als Reihe 39 neu) untersuchen. Kurze Zeit danach erläuterte Friedrich Witte (Göttingen) einen neuen Typenplan mit einer 1'D1'h3-Baureihe 20 und Stoker-Feuerung.
Doch wir hörten bereits 1951/52 im Technischen Gemeinschaftsbüro (TGB) der Vereinigung deutscher Lokomotivfabriken, daß eine Dreikuppler-Reisezuglokomotive mit Hochleistungskessel und angehobener Achsfahrmasse ausreichen würde. Die 1'D1' verstaubte in den Schubladen.
Merkwürdigerweise gab Friedrich Flemming „grünes Licht" für die Projektierung einer „vierfach gekuppelten Dampfturbinenlokomotive mit Röderturbine". Aber auch da blieb die Realisierung aus. Vielleicht trugen dazu – aus heutiger Sicht – die kategorische Ablehnung des Dampflok-Vierkupplers für den deutschen Reisezugverkehr und die recht zögernden Auftragsvergaben zur schon frühzeitigen und raschen Elektrifizierung und Verdieselung der Bundesbahn-Strecken bei.
Interessanterweise ist auch schon im Jahre 1922 von manchen Lokomotivfabriken (darunter Henschel) der Voraus-Entwurf einer 1'D1'-Reisezuglok mit Zwillingsmaschine und 1750 mm Kuppelraddurchmesser als (fiktive) Baureihe 21 präsentiert worden. Die Baureihenbezeichnungen waren damals noch unverbindlich und zunächst auch gar nicht bahnamtlich eingeführt. Vielleicht waren die nicht realisierten, kraftvollen Reisezug-Vierkuppler bereits ein Anfang vom vorzeitigen Ende der einstigen bundesdeutschen Dampfzugförderung.
Die Notwendigkeit der schrittweisen Umstellung der Zugförderung auf zeitgemäßere Antriebsarten mit dem Ziel optimierter Wirtschaftlichkeit und höherer Leistung wurde schon bald nach Gründung der Deutschen

In vielen Windungen geht es in Stuttgart aus dem Neckartal heraus hinauf zum Rohrer Wald – ein Weg, auf dem die P 10 viele Jahrzehnte zu Hause war. Die 39 253 um 1962 mit einem Konstanzer Eilzug. Unten: Den Berg herunter kommt etwa zur gleichen Zeit bei Vaihingen die 39 149

Im Bahnbetriebswerk Villingen waren die P 10 in erster Linie für die Dienste auf der Schwarzwaldbahn zu Hause. Am 20. September 1963 braucht die 39 011 jedoch niemand mehr. Unten: Die Kaiserslauterer 39 243 legt sich als Vorspannlok für eine 01 im April 1961 in Ludwigshafen ins Zeug

Bundesbahn zwar nicht immer ganz leidenschaftslos, aber im wesentlichen doch wohl objektiv untersucht. Die Konstrukteure der Lokomotivfabriken und der Elektro-Industrie, der Dieselmotoren- und Getriebe-Hersteller arbeiteten unter entscheidender Einflußnahme des Zugförderdienstes der DB an zahlreichen Projekten und Projekt-Varianten.

Die Baureihe 39 vor erstrangigen Zügen

Schon in den Jahren 1949 und 1950 wurde das internationale Reisezugnetz gemäß den Beschlüssen der Europäischen Fahrplan-Konferenz in Krakau mit neuen Zugverbindungen weiter ausgebaut: D 63/64 München – Rom, D 19/20 München – Salzburg mit Kurswagen nach Triest, D 14/13 Stuttgart – Zürich, D 82/83 München – Zürich, D 115/116 Frankfurt (M) – Brüssel und FD 107/108 Arnheim – München. Unsere P 10 war bei diesen Zugförderungsleistungen, darunter Stuttgart – Zürich, und bei einer großen Zahl von dem Zivilverkehr dienenden Schnell- und Eilzügen noch recht gut vertreten. Der Verfasser, der in der ersten Hälfte der fünfziger Jahre den F-Zug „Merkur" mehrfach benutzte, hatte jedesmal eine P 10 zwischen Stuttgart und Heidelberg vor dem Zug.

Doch der harte Wettbewerb um Fahrgäste und Frachten im Schienen- und Straßenverkehr nahm zeitweise die Formen eines außerordentlich vehement geführten Wortgefechtes an, bei dem der Dampfbetrieb unterlegen war, wenngleich man durchaus noch mit aussichtsreichen Entwicklungsmöglichkeiten rechnen konnte. Mit dem Fortschreiten der Elektrifizierungsvorhaben und den Ansätzen lokomotivtechnischer Maßstäbe hatte am 18. September 1952 Dr.-Ing. Theodor Vogel (Bundesbahn-Zentralamt München) in seinem Festvortrag während der 46. VDE-Jahresversammlung im Festsaal des Deutschen Museums in München gewisse Vergleiche zwischen elektrischen und Dampflokomotiven erläutert. Dabei ist die P 10 der ebenfalls in den zwanziger Jahren erschienenen E 52 mit ihren vier Treibradsätzen gegenübergestellt worden. Die bei 2/3 Vorräten 162,7 t wiegende P 10 mußte sich mit nur 1620 PS indizierter Leistung den Vergleich mit der 140 t schweren Elektrolok mit 2260 PS (1663 kW) Dauerleistung, aber nur 90 km/h Höchstgeschwindigkeit, gefallen lassen.

Die spätere, 78 t schwere und laufradsatzlose E 44 (Dienstmasse = Reibungsgewicht) konnte bereits mit 2530 PS (1860 kW) Dauerleistung auftrumpfen, erreichte allerdings ebenfalls nicht die zulässige Höchstgeschwindigkeit der P 10.

Vogel hierzu: „In der Klasse der Personenzuglokomotiven ist eine verhältnismäßig leichte elektrische Lok einer recht großen Dampflokomotive gegenübergestellt worden, die den besonders schweren Reisezugdienst durchführen soll. Der Leistungsunterschied ist dadurch nicht so auffallend wie beim Güterzugdienst. Aber der große Gewichtsunterschied zwischen Elektro- und Dampflokomotive gibt der angegebenen Motorenleistung im Vergleich einen noch wesentlich günstigeren zugehörigen Effektivwert am Zughaken.

Man stelle nur einmal die 78 t der E 44 den 163 t der Reihe 39 (P 10) gegenüber. Die E 44 gewinnt allein durch ihr geringes Eigengewicht eine Nutzlasterhöhung von 85 t oder zweieinhalb D-Zugwagen."

Reichsbahnoberrat Prof. Hans Kother (Köln) machte auf die wirtschaftlichen Grenzen des Dampfbetriebes aufmerksam: „Unter üblichen Verhältnissen wird man damit rechnen können, daß man zum Beispiel bei gleichstarken Dampf- und Elektrolokomotiven etwa eine Ellok als Ersatz für 1,5 Dampflok ansehen kann. Dies liegt vor allem am Fortfall der Feuerbehandlung und der etwa 15 bis 25prozentigen Fahrzeitersparnis.

Wenn es möglich ist, größere Züge zu bilden, kann man natürlich auch stärkere elektrische Lokomotiven einsetzen. Dann wird man für diese Züge damit rechnen, daß man eine Ellok als Ersatz für 2 bis 2,5 Dampflokomotiven verwenden kann."

Bis 1967 durchgehalten

Man schrieb das Jahr 1952. Es bedeutete für die Dampflokomotiven der DB und damit für die P 10 bereits die ganz entscheidende Trendwende und das vorgezeichnete Ende. Die Verfechter des konventionellen Dampfbetriebes beriefen sich zwar immer wieder auf die „billige Kolbendampflokomotive" und die „teure Elektrolokomotive", aber diese Argumente zogen bald nicht mehr, weil sie schließlich gesamtwirtschaftlich auch falsch waren. Trotz aller gegnerischen Vorbehalte hielt die P 10 bei der DB, zuletzt nur in ganz wenigen Einheiten bis zum Jahre 1966, vereinzelt bis 1967, und bei der Deutschen Reichsbahn der DDR als Rekonstruktionsbauart im Betriebsdienst sogar bis 1971 durch.

Eine erste Bestandsaufnahme vom 31. Dezember 1945 ergab noch 146 P 10, die sich mehr oder weniger beschädigt und abgewirtschaftet in den seinerzeitigen drei Westzonen befanden. Ein Jahr später waren es etwa 155 Einheiten, nachdem sich noch einige unentdeckt gebliebene Abstell-P 10 gefunden hatten.

Zu den P 10-Beheimatungen gehörten in jener betrieblichen Wiederanlauf-Phase die Bahnbetriebswerke Dillenburg, Frankfurt (M) 3, Gießen, Villingen, Bebra, Köln-Deutzerfeld, Köln Bbf, Krefeld, Mönchen-Gladbach, Ludwigshafen (Rhein), Kaiserslautern, Heidelberg, Karlsruhe P und Stuttgart.

Spätere Umbeheimatungen und Tageshöchstleistungen in der Größenordnung von etwa 750 bis 800 Laufkilometern brachten eine Neuverteilung der P 10-Lokomotiven unter Einbeziehung der Bahnbetriebswerke Augsburg, Kempten, Neu-Ulm, Hanau, Limburg (Lahn), Offenburg, Radolfzell, Koblenz-Mosel, Jünkerath, Nördlingen und Mannheim P.

Doch in den ersten Bundesbahn-Jahren schien die exakte Lokomotiv-Bestandsaufnahme noch keineswegs abgeschlossen zu sein. Zwischen Schrott- und Schadlokomotiven, ausgeplünderten und von Buntmetall „befreiten" P 10-Lokomotiven einerseits und noch einsatzfähigen Maschinen andererseits scheinen die einzelnen, voneinander stark abweichenden Zählungen wohl nicht unterschieden zu haben. So berichtete Albert Mühl im LOK MAGAZIN von einer Zählung des Jahres 1948, die 93 Einheiten für die „Bi-Zone" und 18 Einheiten für die Französische Zone, also insgesamt 111 P 10-Lokomotiven nannte. Die Höchstzahl sei im Jahre 1953 mit 154 erreicht worden.

Lassen wir einmal die Frage offen, ob es sich um den Einsatz- oder Erhaltungsbestand handelte, und denken wir hier lieber an die interessanteren Dienstpläne und an die Stammstrecken der P 10 im Streckennetz der DB. Da gab es Einsätze im Fernschnellzug-, D-Zug- und Eilzugdienst in den Verbindungen Frankfurt (M) – Gießen – Kassel, Frankfurt (M) – Würzburg, Kehl – Mühlacker, Stuttgart – Heidelberg – Mannheim – Ludwigshafen, Offenburg – Heidelberg – Frankfurt (M), Köln – Karlsruhe, Koblenz – Mönchen-Gladbach, Koblenz – Saarbrücken, Stuttgart – Konstanz, Stuttgart – Würzburg, Stuttgart – Nördlingen, Nürnberg – Stuttgart, Offenburg – Konstanz, München – Lindau, Ulm – Friedrichshafen und Ulm – Kempten.

Manchmal mußten Langläufe weit über 300 Kilometer hinweg, zum Beispiel Stuttgart – Nürnberg – Hof (369 km), absolviert werden. Und das schafften die fast 30 Jahre alten Maschinen anstandslos. Tages-Dienstpläne mit Laufleistungen über 600 km, im Einzelfall sogar über 700 km waren in den Jahren 1953 und 1954 durchaus keine Seltenheit. Da hatte das Bahnbetriebswerk Gießen beispielsweise einen Dienstplan mit fast 710 Kilometern, das Bahnbetriebswerk Stuttgart Hbf Dienstpläne mit 635, 643 und 652 Kilometern, wobei auch die Fernschnellzüge F 23/24 zwischen Mannheim und Stuttgart zu bedienen waren.

Mit der Jahreswende 1959/1960 bahnte sich jedoch für jedermann offensichtlich ein Rückgang der geforderten Lokomotivleistungen und Umläufe an: Die P 10 dampfte vor Berufs- und Nahverkehrszügen, vor Personenzügen (unter anderem zwischen Ulm und Regensburg oder zwischen Kempten und München) und letztlich sogar vor Güter- und Bauzügen.

In Trier ist das Personal der 39 225 im Sommer 1965 mit der Nachschau beschäftigt

Auf der 39 148 in Stuttgart hat im Juni 1965 Adolf Rinkenburger Dienst

Sogar die Aufgaben im Verschiebedienst wurden nicht ausgelassen. Freilich gab es hin- und wieder mal einen hochwertigeren Dienst, aber dann meist nur als Helfer in der Not für eine ausgefallene V 200 oder für einen mit Maschinenschaden stehengebliebenen Schnelltriebwagen VT 06.

Für Schnelltriebwagen-Hilfseinsätze gab es Übergangskupplungen, mit denen die P 10 als Vorspann-Lokomotive den „gelähmten" Triebzug ans Ziel bringen konnte. Und wer das einmal miterlebt hatte, wunderte sich, wie flott eine solche Fahrt mit angehängtem „Fliegengewicht" ohne allzu große Verspätung vor sich ging, obwohl die P 10 eigentlich nur mit 110 km/h im Maximum dahinbrausen durfte.

Die Zeiten der hervorragenden P 10-Leistungen zwischen (Stuttgart –) Mühlacker und Bruchsal – Heidelberg/Mannheim waren vorüber. Die Elektrotechniker faßten Fuß: „Wenn man die heutige Vielzahl von Dampflokomotiven betrachtet, die als kleine und größere fahrbare Kraftwerke mit ihren Dampfmaschinen noch die zur Elektrifizierung vorgesehenen Strecken befahren, so wird man in naher Zukunft auch am Lokomotiv-Einsatz die Wirtschaftlichkeit der Umstellung erkennen können. Etwa neun verschiedene Dampflokomotivgattungen fahren derzeit zwischen Basel und Mannheim/Heidelberg mit einem Dienstgewicht von bis zu über 180 t. In Zukunft werden dort drei der neuen elektrischen Lokomotiv-Gattungen, die E 10 und E 40 mit je einem Gesamtgewicht um 80 t sowie die E 41 mit etwa 65 t alle Zugleistungen bewältigen. … Es entspricht den wirtschaftlichen Erfordernissen, daß unter den vordringlich zu elektrifizierenden Strecken der Ausbau des Abschnittes Mühlacker – Heidelberg/Mannheim in Angriff genommen wurde.

Der umfangreiche Reiseverkehr, der sich vor allem seit dem letzten Kriege auf diese Strecke

5. Mai 1966, das Ende der 39 243, die noch vier Seiten zuvor aus Ludwigshafen dampft, im Mannheimer Hafen. Das Bild verdeutlicht die hinten breite und vorn schmal eingezogene Belpaire-Feuerbüchse

verlagert hat, wird mit neuerlichem Fahrzeitgewinn bis zu 13 Minuten rechnen können. Die Leistungsfähigkeit der Strecke wird erhöht, und auch die schweren Güterzüge mit über 1000 Tonnen Anhängelast aus dem Ruhrgebiet werden in Zukunft mit einem Fahrzeitgewinn bis zu 15 Minuten ohne den hinderlichen und kostspieligen Schiebebetrieb über die etwa 4 km und 9 km langen Rampen mit 10 Promille Steigung von Gondelsheim nach Bretten und von Bretten nach Maulbronn fahren." (Die Bundesbahn, Jahrgang 1954).

Damit schrumpften die Dienstpläne. Allein im September 1960 musterte die DB insgesamt 41 P 10 aus. Es folgten mehrere Umbeheimatungen, nachdem einige vorher vorübergehend in Darmstadt stationierte Einheiten abgezogen wurden. Innerhalb der Jahre 1964 und 1965, so Albert Mühl, halbierte sich der Erhaltungsbestand von 50 auf 25 Maschinen. Schließlich fanden die wenigen verbliebenen P 10 nur noch in Jünkerath und Stuttgart einen heimatlichen Stützpunkt.

Die von der Maschinenbau-Gesellschaft Karlsruhe gebaute und im Jahre 1924 von der Deutschen Reichsbahn abgenommene 39 230 verblieb bis zum Jahre 1957 im Stuttgarter Bahnbetriebswerk, kam nach einer zwischenzeitlichen Verwendung als Heizlokomotive in Frankfurt und anschließender Hauptuntersuchung nach Villingen, dann 1965 nach Radolfzell. Ein Jahr später folgte die Ausmusterung. Ihr weiteres Schicksal steht im Kapitel über Museums- und Heizlokomotiven.

Die letzten diensttuenden P 10 der DB, nämlich die 39 035, 39 196 und 39 254, erlebten in den ersten beiden Monaten des Jahres 1967 im Bw Stuttgart Hbf ihre Zurückstellung von der Ausbesserung und am 15. Juli desselben Jahres ihre Ausmusterung – schon vor der programmierten Umzeichung auf die Computer-Ziffern 039 035-1, 039 196-1 und 039 254-8.

„Interzonenreisende herzlich willkommen!" grüßt das Schild links im Bebraer Hbf. Die 22 008 vom Bw Erfurt P legt im Juni 1965 mit dem D 7 Frankfurt (Main) – Warschau los in Richtung Heimat

8. Die P 10 und ihr Umbau in der DDR

Von den nach 1945 bei der Deutschen Reichsbahn in der DDR verbliebenen Lokomotiven der preußischen Gattung P 10 sind noch vor 1958 die Maschinen 39 003, 39 040, 39 041, 39 070, 39 074, 39 085, 39 170, 39 183 und 39 247 ausgemustert worden.
Die dortige Reichsbahn hatte ihre noch betriebsfähigen P 10 fast ausschließlich im sächsisch-thüringischen Gebiet, vor allem in den Bahnbetriebswerken Dresden-Altstadt, Gera, Chemnitz sowie Reichenbach (V), Riesa, Görlitz und Saalfeld beheimatet. Im Dienst sah man sie vor Zügen zwischen Dresden und Cottbus, Leipzig und Saalfeld, Chemnitz und Berlin, Erfurt und Bebra, Hof und Reichenbach, Leipzig und Gera sowie zwischen Dresden und Chemnitz, um nur die häufigsten Einsätze zu nennen.
Heute ist es vielleicht nur noch eine frappierende Traumbildgeschichte, vor allem, wenn man daran denkt, daß noch im Jahre 1956 Friedrich Witte mit dem Gedanken spielte, für die bei der Deutschen Bundesbahn damals noch im Dienst stehenden „Mittelgebirgs-Königinnen" der Baureihe 39^{0-2} neue Ersatzkessel zu beschaffen. Die Modernisierung und Teil-Erneuerung bewährter und weiterhin gebrauchter Dampflokomotiven hatte ja bei der DB insoweit Früchte getragen, als neue Hochleistungskessel, die vom Jahre 1957 an planmäßig zu beschaffen waren, alte Dampferzeuger ersetzen sollten, deren Aufarbeitung inzwischen unwirtschaftlich geworden war. Witte dazu: „Besonders wichtig ist, daß mit zwei in allen Teilen gleichen Kesseln, je für die Baureihen 01 und 01^{10}, sowie 03, 03^{10}, 41 und gegebenenfalls sogar für die Baureihe 39^{0-2} ausgekommen wird." Dieses vielversprechende „gegebenenfalls" trat angesichts des hereinbrechenden Zugförderungswandels nicht mehr ein.
Was die Deutsche Bundesbahn mit der P 10 nicht mehr fertigbrachte, schaffte schließlich die Deutsche Reichsbahn in der DDR.
Die Lokomotiven der Gattung P 10, deren Lauf- und Triebwerke noch recht gut erhalten waren, so argumentierten die Betriebsleute, sind bei den Rekonstruktionen ganz besonders zu berücksichtigen. Durch die nach Ende des Krieges bedingte Umstellung der Lokomotivfeuerungen auf Braunkohle war es einfach nicht mehr möglich, die Heizflächenbelastung des Kessels über 40 bis 45 kg/m^2h hinaus zu steigern. Der alte Dampfkessel erfüllte ohnehin nicht mehr die Voraussetzungen für eine leistungsstarke Dampfmaschine und für einen stabilen Barrenrahmen, der große Zugkräfte übertragen konnte. Ansonsten gab es ähnliche Klagen wie bei der DB. Trotz einer im Entwurf recht gut gelungenen Lokomotivkonstruktion hörten die Beanstandungen nicht auf: Der inzwischen vergleichsweise unbefriedigende Wirkungsgrad des Kessels mit seinem nicht zeitgemäßen Stehkessel bei nach unten eingezogener Feuerbüchse, die ihrerseits Probleme sowohl in der Feuerführung als auch sonst umständliche Maßnahmen bei der Aufarbeitung verursachte, zeigten sich unbrauchbar.

Ein neuer Kessel muß her

Ein neuer Kessel war der willkommene und einzig richtige Ausweg, wobei die Rekonstruktion der Reichsbahn-Baureihe 03 die entwicklungstechnische Ausgangsbasis bildete. Damit der nunmehr größere Stehkessel Platz fand und auf größerer Länge auch getragen werden konnte, mußte der Lokomotivrahmen der P 10 um 3050 mm verlängert und der Schleppradsatz um 550 mm nach rückwärts versetzt werden.
Da eine große Anzahl von Bauteilen und Baugruppen zum Umbau beitrugen, ließ sich die althergebrachte Baureihenbezeichnung 39 nicht mehr rechtfertigen. Die rekonstruierten P 10-Lokomotiven gingen deswegen als Baureihe 22 in den Rollmaterialbestand ein.

Oben: Die 22 055 wartet am 6. April 1969 im Bahnbetriebswerk Leipzig West auf ihre nächste Leistung. Unten: Ebenso geht es der 22 028, die im Bw Gera am 11. Juli 1966 aufgenommen wurde. Kaum zu glauben in Anbetracht der bestens intakten Maschinen, daß sie kurze Zeit später überflüssig sein sollten

Oben: Im Magdeburger Hauptbahnhof hat im August 1971 die nun wieder auf 39 1025 umgezeichnete vormalige 22 025 einen Doppelstockzug am Haken. Unten: Die Borsig-Jubiläumslokomotive „Elberfeld 2811", dann 39 002, wurde zur 22 056. Hier durchquert sie Ende der sechziger Jahre den Fläming bei Medewitz

Die Verwandlung einer Lokomotive: Oben die 39 038 Ende der fünfziger Jahre im Bw Leipzig West. Aus ihr entstand die 22 041. Unten wendet die zum Bw Erfurt P gehörende Maschine am 5. Juni 1965 im Bw Bebra

Der neue Kessel einschließlich seiner Feuerbüchse wurde mit allen Verankerungen geschweißt und zusätzlich mit einer geräumigen Verbrennungskammer von 1475 mm Länge ausgerüstet. Die neue Rohrwandteilung berücksichtigte 36 Rauch- und 11 Heizrohre von 5700 mm Länge. Die Baureihe 22 erhielt einen Seitenzug-Naßdampfregler, eine saugende Dampfstrahlpumpe und eine Mischvorwärmeanlage, die durch Niederschlag des Maschinenabdampfes eine Wassereinsparung von etwa 10 bis 15 Prozent erbrachte. Welche Lokomotiven umgebaut (rekonstruiert) wurden, zeigt die Tabelle auf der Seite 100.

Die Statistik zeigt, daß von den insgesamt 94 im Bestand der Deutschen Reichsbahn befindlichen 39er-Lokomotiven 85 Einheiten durch Umbau modernisiert und leistungsfähiger gemacht worden sind. Die hier genannte Eingangsbestandszahl von 94 Einheiten ist allerdings nicht mehr zweifelsfrei. Erste Lokomotivzählungen im Jahre 1945 ergaben eine geringere Anzahl. Oskar Pieper nannte 86 nach dem Kriege in der DDR verbliebene P 10-Lokomotiven, von denen zehn ausgemustert wurden, aber dann neun aus Polen hinzukamen, womit sich eine Gesamtzahl im Bestand von 85 Einheiten ergeben würde.

Die Wahl der neuen Gattungsnummer fiel verständlicherweise auf die Baureihe 22. Schon aus dem ersten Typisierungsplan des Jahres 1921 ging hervor, daß der Bau von „Einheitslokomotiven" eine beschlossene Sache war. Dem darin enthaltenen 1'D1'h3-Entwurf teilte das damalige Vereinheitlichungsbüro die Baureihenbezeichnung 22 zu. Zum Bau kam es in jener Zeit aber nicht.

Die Rekonstruktion der P 10 betraf eine Vielzahl konstruktiver Einzelheiten. So war beispielsweise wegen des Verfahrens der Speisewasser-Innenaufbereitung der bisherige Speisedom überflüssig geworden. Der neu konzipierte Aschkasten mit verbesserter Luftzufuhr ruhte nun sattelförmig auf den Rahmenwangen, um den Bodenring des Stehkessels von Zusatzlasten zu befreien. Die Modernisierungsarbeiten erstreckten sich darüber hinaus auf den Kuppelkasten, der nunmehr der Einheitsausführung entsprach, so daß alle Lokomotiven der Baureihe 22 mit größeren Einheitstendern 2'2' T 32 oder 2'2' T 34 gekuppelt werden konnten.

Hauptabmessungen der Baureihe 22	
Zulässige Höchstgeschwindigkeit	110/50 km/h
Zylinderdurchmesser	3 x 520 mm
Kolbenhub	660 mm
Kolbenschieberdurchmesser	220 mm
Kesseldruck	16 bar
Rostfläche	4,23 m²
Strahlungsheizfläche	21,30 m²
Heizrohrdurchmesser	54 x 2,5 mm
Anzahl der Heizrohre	112
Heizrohrheizfläche	98,30 m²
Rauchrohrdurchmesser	143 x 4,0 mm
Anzahl der Rauchrohre	36
Rauchrohrheizfläche	86,70 m²
Verdampfungsheizfläche	206,30 m²
Überhitzerheizfläche	83,80 m²
Überhitzerrohrdurchmesser	38 x 4,0 mm
Dienstgewicht der Lokomotive	107,5 t
Leergewicht der Lokomotive	96,4 t
Maximaler Achsdruck	18,7 t
Reibungsmasse	74,0 t
Dienstgewicht des Tenders 2'2'T34	72,8 t (voll)
Leergewicht des Tenders 2'2'T34	28,4 t
Fahrzeugmasse mit vollen Vorräten	180,3 t
Länge über Puffer Lok + Tender	23 700 mm
Radstand Lok + Tender	20 070 mm
Kleinster befahrbarer Gleisbogenradius	140 m
Befahrbarer Ablaufberghalbmesser	300 m
Umbau:	Raw Meiningen
Kesselbau:	Raw Halberstadt

Neues auch im Detail

Auch der Lokomotivsteuerung und speziell der Leerlaufeinrichtung wurde viel Aufmerksamkeit geschenkt. Mit der Leerlauf-Druckausgleichvorrichtung, die im Kolbenschieber integriert ist, also mit dem Trofimoff-Schieber, erzielte man die besten Ergebnisse. Der Verlust durch die Verschiebe- und Verdichtungsarbeit ist bei ihm zum fast vernachlässigbaren Mini-

Begegnungen: Die 22 031 vom Bw Reichenbach, mit dem D 145 München – Dresden am 4. Januar 1965 gerade anfahrend, hat eine DB-01 abgelöst. Unten: Der 20. März 1971 sieht im Leipziger Hauptbahnhof das Treffen von 39 1034 und 41 1189. Die Kessel sind identisch – die 41er überlebte den Drilling

Zumindest die ersten Maschinen hatten, wie hier die 22 002, anfangs noch freistehende, alte Lampen

mum zusammengeschrumpft. Schon die Erfahrungen der früheren Moskau-Kursker Eisenbahn lehrten das. Diese Bahn war reich an Steigungen und Gefällen, und die Lokomotivführer pflegten seit Einführung der Trofimoff-Schieber verschiedene Strecken mit geschlossenem Regler und kurze Steigungen von 6 bis 8 Promille ohne Dampf auf Kosten der kinetischen Energie des Zuges zu durchfahren, wo gewöhnliche Lokomotiven stets unter Dampf fahren mußten.

Die Zugbremsung durch die Trofimoff-Schieber war so gering, daß bei gewöhnlichen Indikatorfedern nur eine gerade Linie erzielt werden konnte. Es wurde berichtet, daß bei Geschwindigkeiten nicht über 35 km/h auch bei weichen Indikatorfedern ebenfalls nur eine Gerade registriert wurde. Nur bei höheren Geschwindigkeiten begannen die Kompressions- und Expansionslinien voneinander abzuweichen. Der mittlere indizierte Druck während des Leerlaufs betrug lediglich wenige Hundertstel einer Atmosphäre, und die Leerlaufarbeit machte nur wenige PS aus.

Die russischen Eisenbahnen, die bereits im Jahre 1924 von Trofimoff das allein Nutzungsrecht an seinen Schutzrechten erwarben, setzten bei Verwendung der Trofimoff Schieber die sogenannte Brennstoffnorm um etwa 5 Prozent herab. Die Einsparung von Schmieröl soll sogar 30 Prozent betragen haben.

Unter solchen Voraussetzungen konnte natürlich bei der umgebauten P 10 auf Luftsaugeventile und konventionelle Druckausgleichschieber verzichtet werden. Auch der frühere, zwar recht einfache Winterthur-Druckausgleicher wurde nicht mehr gebraucht. Er hatte ohnehin auf die Vergrößerung der schädlichen Räume in den Zylindern hingewirkt.

Ansonsten war das für die Baureihe 22 von der Baureihe 23^{10} übernommene, geschweißte Führerhaus geräumiger als das alte. Die Rekonstruktion mit leichterem Kessel reduzierte den Kuppelradsatzdruck auf einen Nennwert

DR-Umbau-Lokomotiven Baureihe 22

Betriebsnummer	Alte Betriebsnummer	Umbau
22 001	39 107	1958
22 002	39 171	1958
22 003	39 108	1958
22 004	39 163	1958
22 005	39 175	1958
22 006	39 105	1958
22 007	39 044	1958
22 008	39 006	1958
22 009	39 081	1958
22 010	39 001	1958
22 011	39 244	1958
22 012	39 101	1958
22 013	39 211	1958
22 014	39 020 1)	1958
22 015	39 261	1958
22 016	39 004	1958
22 017	39 019	1958
22 018	39 136	1958
22 019	39 013	1958
22 020	39 078	1958
22 021	39 112	1959
22 022	39 032	1959
22 023	39 182	1959
22 024	39 159	1959
22 025	39 113	1959
22 026	39 216	1959
22 027	39 188	1959
22 028	39 043	1959
22 029	39 197	1959
22 030	39 010	1959
22 031	39 021	1959
22 032	39 100	1959
22 033	39 034	1959
22 034	39 117	1959
22 035	39 164	1959
22 036	39 245	1959
22 037	39 195	1959
22 038	39 008	1959
22 039	39 005	1959
22 040	39 052	1959
22 041	39 038	1959
22 042	39 027	1959
22 043	39 037	1959
22 044	39 215	1959
22 045	39 118	1960
22 046	39 178	1960
22 047	39 172	1960
22 048	39 189	1960
22 049	39 098	1960
22 050	39 018	1960

DR-Umbau-Lokomotiven Baureihe 22

Betriebsnummer	Alte Betriebsnummer	Umbau
22 051	39 135	1960
22 052	39 249	1960
22 053	39 131	1960
22 054	39 168	1960
22 055	39 191	1960
22 056	39 002	1960
22 057	39 039	1960
22 058	39 167	1960
22 059	39 093	1960
22 060	39 092	1960
22 061	39 210	1960
22 062	39 246	1960
22 063	39 045	1960
22 064	39 165	1960
22 065	39 166	1960
22 066	39 033	1960
22 067	39 028	1961
22 068	39 059	1961
22 069	39 017	1961
22 070	39 193	1961
22 071	39 242	1961
22 072	39 192	1961
22 073	39 132	1961
22 074	39 031	1961
22 075	39 007	1961
22 076	39 029	1961
22 077	39 248	1961
22 078	39 086	1961
22 079	39 115	1961
22 080	39 087	1961
22 081	39 169	1961
22 082	39 142	1961
22 083	39 053	1961
22 084	39 262 2)	1961
22 085	39 047	1962

1) Die 39 187, ursprünglich vom Bw Leipzig Hbf Nord, blieb nach dem Krieg in Polen zurück. Sie wurde dort als Pt 1-3 eingereiht. Die PKP übergab diese Lok im Dezember 1955 der Deutschen Reichsbahn in der DDR, wo sie in Zweitbesetzung die neue Betriebsnummer 39 020 bekam. Dann folgte nach dem Umbau die Umnummerung in 22 014 (später 39 1014).

2) Hier handelt es sich um die frühere Lok 39 104, ursprünglich im Bahnbetriebswerk Berlin Anhalter Bf beheimatet. Sie kam mit Betriebsnummer Pt 1-8 in den PKP-Bestand und erhielt nach Übergabe an die Reichsbahn der DDR die neue Nummer 39 262. Die nach dem Umbau als 22 084 eingereihte Lok ist nach der Einführung der EDV-Nummern in 39 1084 umgezeichnet worden.

Dieses Bild der 22 026 (Bw Oebisfelde), aufgenommen bei Belzig am 22. September 1968 mit einem Durchgangsgüterzug nach Seddin, soll als Beleg dafür dienen, daß die Reko-P10 auch so etwas gut meisterte

von rund 18 t. Die Reichsbahn trug daher die Baureihe 22 mit der Betriebsgattung P 46.18 (statt P 46.19) in ihr „Merkbuch für Triebfahrzeuge" ein.

Zwei Heiz-22er überlebten

Die Lokomotive 22 001, eigentlich die Baumusterlokomotive, erhielt den Tender der 1'Dh2-Lok 25 001, der man dann einen geeigneten Tender für Kohlenstaubfeuerung gab. Nachdem die 22 001 schon 1959 anstelle des Mischvorwärmers einen Knorr-Oberflächenvorwärmer bekommen hatte und man ihr außerdem eine Riggenbach-Gegendruckbremse einbaute, ging sie als Bremslokomotive zur Versuchs- und Entwicklungsstelle für die Maschinenwirtschaft (VES-M) nach Halle (Saale). Jene Lok war vermutlich zuletzt im Bahnbetriebswerk Saalfeld, Auslauf-Bw für die Baureihe 22, mit der geänderten Betriebsnummer 39 1001-5 stationiert, wo sie wahrscheinlich noch bis 1971 Dienst tat. Ihr restaurierter Treibradsatz wurde im Bw-Gelände aufgestellt – als Reminiszenz an die große Zeit der in Thüringen beheimateten Dampflokomotiven. Mit kaum mehr als zehn Jahren Betriebszeit war die Baureihe 22, die übrigens auch neue Kropfachswellen und an einigen Maschinen erprobte und verstärkte Gleitbahnen erhielt, nur recht kurzlebig.

Schon 1968 wurde eine größere Anzahl dieser schönen Lokomotiven, manche wegen Triebwerk- und Lagerschäden, abgestellt. Mehrere Lokomotiven der Baureihe 22 dienten als Heizanlage und Dampfspender.

Diejenigen Maschinen, die das Jahr 1968 überlebten, bekamen mit Einführung des datenverarbeitungsgerechten Nummernplanes wieder ihre angestammte Baureihenbezeichnung zurück, nun aber eine vierstellige Ordnungsnummer, deren erste Ziffer eine „1" (= Rostfeuerung) war. So fuhr die 22 001 eben in ihren letz-

Reisen auf der Saalebahn im Februar 1971: Aus dem neunten Wagen des Schnellzuges München – Berlin gleitet der Blick nach vorn zur 39 1056, die gerade auf die A 4-Brücke bei Göschwitz zustrebt. Es ist wieder Borsigs Fabriknummer 11 000 von 1922, die Jubiläumslok und spätere 39 002. Unten: Die Halberstädter 22 032 in Wernigerode im Mai 1970 mit zeitgenössischem Rauchkammer-Schmuck

Rentwertshausen: Wo in den dreißiger Jahren die Schweinfurter und Erfurter 39er mit 100 km/h durchfegten, steht unfähig zu eigener Bewegung und ausgerechnet am 17. Juni (!), dem Tag der Deutschen Einheit, die Heizlok 22 047. Doch noch haben wir 1983 und an Einheit ist nicht zu denken

ten Tagen mit dem Schild „39 1001-5". Die allerdings noch ziemlich jungen geschweißten Brennkammer-Kessel ausgemusterter 22er und 39er wurden noch verschiedentlich für Modernisierungsmaßnahmen, vor allem für die Baureihe 03, gebraucht. Erfreulicherweise erhielt die ausgemusterte Lok 22 064 im Jahre 1991 bei den Bayerischen Eisenbahnfreunden in Nördlingen noch eine Überlebens-Chance als Hoffnungsträger für eine Wiederbelebung (siehe Kapitel „Museums- und Heizlokomotiven"). Die Schwesterlok 22 066 ist im gleichen Jahr an das Dampflokmuseum Hermeskeil verkauft worden.

Bei aller Kritik an der P 10 – das Bild aus Köln von 1950 beweist es, die alten Preußen waren nicht kleinzukriegen! Von links nach rechts warten die 39 199, die 56 2449 und die 78 159 auf „Grün“

9. Kritiker haben das Wort

Ernsthafte und geachtete Kritiker sind keine Schwarzseher. Das Maß für Perfektionismus hat noch niemand gefunden. Die Vollkommenheit gibt's weder im Lokomotivbau noch im Alltag. Und wären die Einschaltquoten beim Fernsehen oder die Monotonie von tausend Reihenhaus-Siedlungen bezeichnend dafür, was die Mehrheit oder die Interessengruppen wünschen, dann müßten Bürger-Entscheide und manche Kritikerstimmen gegen unkonventionelle Bauprojekte den sicheren Ruin bedeuten. Leute, die das Immergleiche und die Groschenware schätzen, werden an anspruchsvollen Plänen wenig Gefallen finden. Je intensiver freilich die Diskussion geführt, je größer auf beiden Seiten – ob Laien oder Fachleute – die Bereitschaft zum Dazulernen ist, desto weniger besteht Anlaß, schwarz zu sehen. Die hier auszugsweise zitierten Fachleute waren berufen, den Blick auf neue Entwicklungen zu lenken, aber auch kritisch das Alte mit dem Neuen zu vergleichen. Und – es kann ja nicht nur immer das Alte gut und erlaubt sein. Die totale Anpassung galt durchaus nicht als Maxime.

Kenner geben ihr Urteil ab

Reichsbahnrat **Robert Dannecker**, Direktion Stuttgart: „Die h4v-Lokomotive der Sächsischen Staatsbahnen weicht von den bisherigen Lokomotiven durch die Verwendung wesentlich größerer Treibräder und eines vorderen Krauss-Gestelles ab. Die Verwendung des großen Kuppelraddurchmessers bot zweifellos mancherlei Schwierigkeiten und es gereicht dem deutschen Lokomotivbau zur Ehre, daß er sich dadurch nicht hat abschrecken lassen. Dennoch muß der Entwurf aber gerade wegen dieses großen Treibraddurchmessers als verfehlt betrachtet werden. Für entsprechend hohe Geschwindigkeiten ist die vierte Kuppelachse unnötig und schädlich, weil sie den Eigenwiderstand der Lokomotive erhöht, während für kleinere Geschwindigkeiten, welche die Möglichkeit zur Ausnutzung des zur Verfügung stehenden Reibungsgewichts bieten könnte, die großen Treibräder nicht erforderlich sind. Man hat diesen Fehler auch erkannt und bei der nächsten deutschen 1D1-Lokomotive, Klasse P 10 der Preußischen Staatsbahnen, den Treibraddurchmesser auf das für alle Zwecke ausreichende Maß von 1750 mm gebracht. Da die Kuppelradsätze zur Unterbringung der mit 170 Prozent des Reibungsgewichts wirkenden Bremsgehänge auseinander gezogen werden mußten, war die Unterbringung einer breiten Feuerbüchse ohne allzu große Längenentwicklung nicht möglich. Man ist daher zum ersten Mal in Deutschland zu der in Frankreich beliebten trapezähnlichen Rostform übergegangen, ohne daß diese aber Aussicht auf weitere Verbreitung zu haben scheint."

Stimmgewaltiger ging Dr.-Ing. e. h. **Robert Garbe**, Geheimer Baurat, vormals Mitglied des Eisenbahn-Zentralamtes Berlin, mit der P 10 ins Gericht. Garbe liebte viel zu sehr „seine" P 8 und die Heißdampf-Zwillingslokomotive überhaupt. In seinen zahlreichen Äußerungen und Publikationen der zwanziger Jahre brillierte mitunter geradezu aufdringlich die Vorliebe zum leistungsfähigen Dreikuppler mit Zwillingsmaschine. Die Maximen der verfochtenen Einfachheit und des geringsten Aufwandes gipfelten in der Feststellung: „Diesem Grundsatz entspricht jede richtig gebaute und gut unterhaltene Zwillings-Dampflokomotive in weitestem Umfang bis zu ihrer durch die Reibungszugkraft gegebenen Grenzleistung in unübertroffen allseitiger Wirtschaftlichkeit ..." Und wo in Deutschland 20 t Achslast zugelassen sind, genügen für den schweren Schnell- und Personenzugdienst im Hügelland und auf Bergstrecken durchaus drei gekuppelte Radsätze, „am besten 2C-Lokomotiven". Den Vier- und Fünfkupplern gestand Garbe in der

Die 39 177 nach ihrer Werksprobefahrt bei der Hanomag 1924 und der neue Stil der letzten preußischen Konstruktionen. Robert Garbe, der Schöpfer der P 8, lehnte den Barrenrahmen ab

„Feuerungstechnisch nicht richtig gebaut", argumentierte Garbe. In der Tat war die P 10 kein Liebling der Heizer. Die schlechte Luftzufuhr zum Rost hatte man als eine der Ursachen erkannt, ihre Beseitigung aber, ein relativ einfacher Umbau, schob man vor sich her. Die 39 237 am 2. August 1965 im Bw Stuttgart

Regel nur den schwersten Güterzugbetrieb zu. Auch ein Barrenrahmen, wie ihn die P 10 besitzt, widersprach Garbes Ansichten: „Nur der Plattenrahmen gestattet, besonders bei der beschränkten Höhenlage großer Lokomotivkessel, eine Tiefenentwicklung der schmalen Feuerbüchse, die für eine geordnete und wirtschaftliche Feuerhaltung in weitesten Grenzen des Lokomotivbetriebs unerläßlich ist." Statt dessen sei der Barrenrahmen einer P 10 nicht geeignet, eine feuerungstechnisch richtig gebaute, tief angeordnete Feuerbüchse und Rosteinrichtung unterzubringen. Er bilde, so Garbe, für die wirtschaftlichste Ausnutzung des

Theodor Düring stellte der P 10 in der Unterhaltung ein gutes Zeugnis aus, weil die Abnutzung der Triebwerksteile bei einem Drilling geringer ist als beim Zwilling, wo jedes Teil größere Kräfte zu übertragen hat und die Lok insgesamt unruhiger läuft. Allerdings war der Stehkessel in der Unterhaltung kein Zuckerlecken. Die 39 253 im Stuttgarter Schadlokbestand, Aufnahme vom 11. Mai 1966

Brennstoffs das größte Hindernis. Der Barrenrahmen dürfte daher nur für Sonderlokomotiv-Gattungen Anwendung finden.

Ein Schlaglicht auf die Wartung und Ausbesserung der P 10-Lokomotiven gab Dipl.-Ing. **Theoder Düring**, Lokomotiv-Versuchsamt der Deutschen Bundesbahn: „Wie man sieht, waren die Erhaltungskosten der P 10 bei der planmäßigen Unterhaltung sowohl vor 1945 als auch danach teilweise niedriger als bei der 01, wobei nicht zu übersehen ist, daß die überwiegende Verwendung der P 10 im Schnellzugdienst bei ihrem kleinen Treibraddurchmesser einen eher höheren Verschleiß des Trieb- und Laufwerkes zur Folge haben mußte. Gegen Mitte der fünfziger Jahre fiel die P 10 dann gegen die neueren Bauarten zurück und wurde in ihrer Erhaltung infolge Überalterung zuneh-

Friedrich Fuchs glaubte, Vorspanndienste durch den Einsatz der P 10 einschränken zu können. Vor dem D 8 Stuttgart – Zürich – Chiasso hilft der 39 186 eine V 200

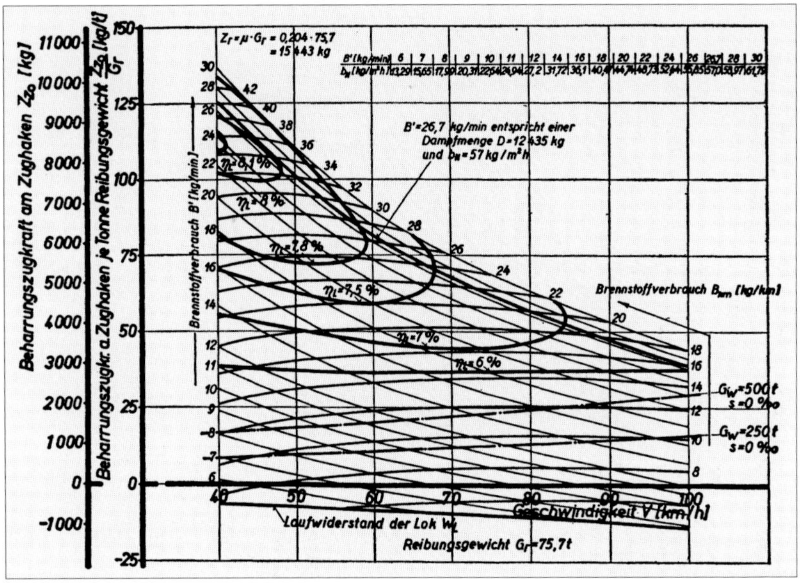

Die P 10 – kein Wunder an Wirtschaftlichkeit: Nach den Versuchen mit der 39 119 im Jahre 1928 wurde aus den Meßergebnissen dieses Kennlinienfeld erstellt. Es zeigt einen relativ hohen Brennstoffverbrauch und läßt – bei großen Zugkräften im Bereich von bis zu 50 km/h – einen Gesamtwirkungsgrad von bestenfalls 8,1 Prozent erkennen

mend unwirtschaftlicher. ... Zweifellos gab es bei der P 10 als Drillingsmaschine wegen des Innentriebwerks größere Schwierigkeiten, etwa bei der Demontage und Montage der Lok im Ausbesserungswerk bei den großen Schadgruppen L3/L4, als bei einer Lok wie der 01 mit nur Außentriebwerken.

Erhöhten Aufwand und zusätzliche Schwierigkeiten bei der P 10 verursachten aber vor allem der Kessel mit seinem trapezähnlichen Rost und dem vorn eingezogenen, aber hinten breiten Stehkessel. Das Auswechseln von Feuerbüchs-Wandteilen oder gar der ganzen Feuerbüchse war bei dieser Bauart sehr viel umständlicher und schwieriger als bei den Einheitskesseln mit ihren ebenen Wänden. Das Kümpeln und Anpassen solcher Teile erforderte beim P 10-Kessel ein erhöhtes Maß an handwerklichem Können. Abgesehen davon kann man aber der P 10 nicht nachsagen, daß sie eine in der Unterhaltung besonders ungünstige Lokomotivbauart gewesen sei. Selbst ein hinsichtlich der Beanspruchung so ungünstig gestaltetes Bauteil der P 10 wie die doppelt gekröpfte Gegenkurbel hat meines Wissens nie zu ernsthaften Schwierigkeiten und häufigeren Schäden am Steuerungsgestänge Anlaß gegeben.“

Ministerialrat **Friedrich Fuchs**, (Berlin), der sich gleich nach Erscheinen der P 10 im Fahrdienst mit ihrer Beschreibung und Charakterisierung beschäftigte, hatte im Anschluß an die frühen Erprobungen auf den Strecken Güsten – Mansfeld, auf der Schwarzwaldbahn und zwischen Berlin und Lehrte sein Urteil in Glasers Annalen, hier verkürzt wiedergegeben, so zusammengefaßt: „Die Versuche ergaben, daß die Lokomotive bis zu den höchsten erprobten Geschwindigkeiten von 128 km in der Stunde vollkommen ruhig läuft. Besonders fiel der ruhige Einlauf in die Gleisbögen auf. Mit der Lokomotive können in dem weiten Geschwindigkeitsbereich von 45 bis 110 km/h, der im Betrieb zugelassenen höchsten Fahrgeschwindigkeit, anstandslos Zylinderleistungen von 2000 PSi eingehalten werden. Bei den Versuchen wurden Dauerleistungen von 2200 PSi erreicht. ...

Das Verhalten der Lokomotive auf der Strecke Berlin – Lehrte läßt erkennen, daß man sich nicht zu scheuen braucht, in den Betriebsbereich der in erster Linie für Strecken mit längeren starken Steigungen von 1:100 und mehr gebauten Lokomotive auch anschließende Flachlandstrecken einzubeziehen, sofern dies

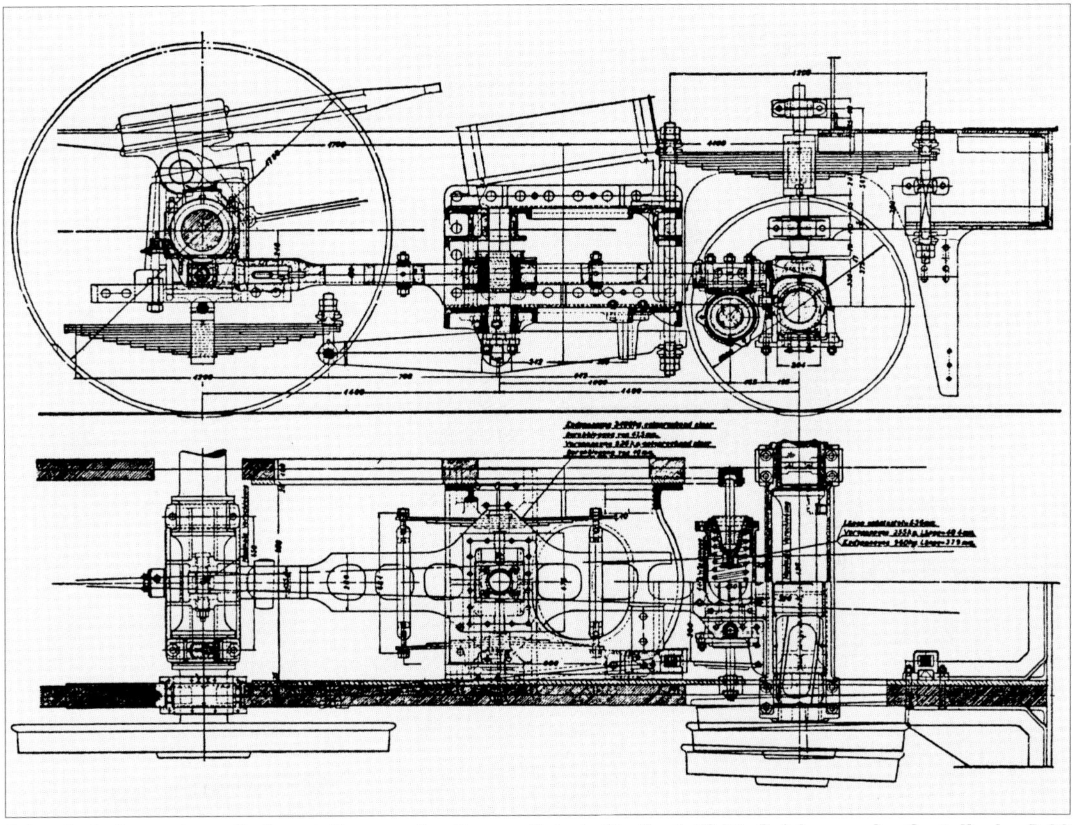

Schnelle Lokomotiven: Drehgestell vorn oder Krauss-Helmholtz-Gestell? Die Zeichnung des Gestells der P 10

die Diensteinteilungen erwünscht erscheinen lassen.

Die Lokomotive hat sich in ihrer gesamten Anordnung bei den Versuchsfahrten durchaus bewährt und als eine in weitem Geschwindigkeitsbereich gleich brauchbare Lokomotive von höchster Leistungsfähigkeit bei sparsamem Brennstoffverbrauch erwiesen. Sie wird es ermöglichen, die so kostspieligen Vorspann- und Nachschiebeleistungen weiter einzuschränken und damit zur Verbesserung der Wirtschaftslage der Reichsbahn beitragen."

Man ist heute überrascht, wenn hier vom sparsamen Brennstoffverbrauch die Rede ist. In späteren Untersuchsberichten wurde nämlich kritisiert, daß die Verluste durch Unverbranntes in den Rauchgasen erheblich gewesen seien, obwohl mit Luftüberschuß gefahren wurde. Die thermischen Leistungsuntersuchungen ergaben keine besonders hohen Temperaturen des Heißdampfes (270 bis 350°C) und Kesselwirkungsgrade in der Größenordnung von nur etwa 74 Prozent. Theodor Düring war der Überzeugung, daß der P 10-Kessel an sich thermisch nicht schlecht war und daß an den ungünstigen Verbrennungsverhältnissen die unbefriedigende Luftführung zum Rost und die ungleiche Luftverteilung im Zusammenwirken mit der „zu weich" arbeitenden Saugzuganlage die Schuld trugen.

Honorarprofessor Dr. techn. Ing. **Adolph Giesl-Gieslingen** (Wien) argumentierte in der ihm eigenen kritischen Art: „Kurz vor Gründung der Deutschen Reichsbahn hatte Borsig für die Preußisch-Hessischen Staatsbahnen die starke 1D1-Gattung P 10 herausgebracht, um den schweren Personenzugverkehr im Hügelland zu beschleunigen.

Diese Achsfolge wurde in den USA geboren, von wo sie Anfang der neunziger Jahre nach Japan exportiert wurde und daher den Namen „Mikado" erhielt. ... Dank ihrer guten Laufeigenschaften und des Dreizylindertriebwerks konnte der P 10 trotz ihres mäßigen Raddurchmessers von 1750 mm eine Betriebsgeschwindigkeit von 110 km/h zugestanden werden (von zunächst 120 km/h aus Instandhaltungsgründen herabgesetzt), womit sie über ihre ursprünglich vorgesehene Verwendung hinaus zum Schnellzugdienst im Hügelland emporstieg; aber in der Praxis paßten zu ihr doch besser 100 km/h, so daß das Fehlen einer wahren Hügelland-Schnellzuglokomotive, die im Gegensatz zur sächsischen XX HV, die nicht mehr weitergebaut wurde, die nun zulässige-Achslast von 20 t voll ausgenützt hätte, bei den Betriebsleuten der Reichsbahn als Mangel empfunden wurde."

Über den Belpaire-Stehkessel schrieb Giesl-Gieslingen in seiner „Anatomie der Dampflokomotive" (Wien 1986): „Die Einstellung der Lokomotivkonstrukteure zum Belpaire-Stehkessel war sehr unterschiedlich. Die Entscheidung pro oder kontra wurde bei der bekannten diktatorischen Stellung der alten Eisenbahn-Chefingenieure stark von persönlichen Neigungen geprägt. Ziemlich stilgerecht sind noch die wenigen deutschen, und zwar preußischen Ausführungen, die wir lediglich im 1E-Typ G 12 von 1917, den aus ihr abgeleiteten 1D-Varianten G 8^2 und G 8^3, sowie in der 1D1-Gattung P 10 von 1921 finden. Da diese und andere Kessel aber nach der Praxis der Deutschen Reichsbahn im Betrieb nicht hoch beansprucht

Immer wieder fanden die beiden Konkurrentinnen von einst zusammen. Im April 1958 ist die 39 167 auf Probefahrt der VES-M Halle unterwegs. Hinter dem Meßwagen bremst die 19 015

wurden, was in der ‚Standard-Kesselgrenze' von nur 57 kg Dampf pro m2 Heizfläche und Stunde zum Ausdruck kam, und die Belastung für keine sehr wesentliche Steigerung bemessen war, konnte auf die Belpaire-Form später wieder leicht verzichtet werden."

Prof. **Hans Nordmann**, Regierungsbaurat und Mitglied des Eisenbahn-Zentralamtes Berlin, notierte 1924 in seinem, für „Glasers Annalen" geschriebenen Manuskript „Lokomotiven für starke Steigungen": „In die Fußstapfen der sächsischen 1D1-Schnellzuglokomotive tritt die nach preußischem Entwurf als Drilling erbaute P 10-Lokomotive, die bei gleicher Achsanordnung hinsichtlich des Reibungsgewichts noch etwas schwerer ausgefallen ist (75 t) und im übrigen einen etwas kleineren Treibraddurchmesser aufweist, der auf den Steigungen bei gleicher Fahrgeschwindigkeit die Umdrehungszahl heraufsetzt, ohne bei schneller Fahrt in der Ebene als nachteilig empfunden worden zu sein."

Im Hinblick auf die Fähigkeiten und Leistungen machte Nordmann jedoch deutlich, daß die P 10 weder auf der Steigung 1:50 Gräfenroda – Oberhof noch auf der Steigung 1:40 Probstzella – Steinbach sowohl vor den seinerzeitigen Stuttgarter Schnellzügen als auch vor den Münchener Zügen auf Schiebemaschinen kaum verzichten könne. Und zehn Jahre später, während eines Vortrages vor der Maschinentechnischen Gesellschaft am 17. April 1934 ging Nordmann auf die Dampftechnik ein: „Die P 10 ist in ihrem Dampf- und Kohlenverbrauch bei ihren sonstigen guten Eigenschaften, großer Reibungszugkraft und ruhigem Lauf als Dreizylindermaschine den Einheitslokomotiven wegen ihrer geringeren Dampftemperaturen keineswegs gleichwertig. Die Feststellung der geringeren Überhitzung der P 10 hatte gerade auch zur ergiebigeren Gestaltung der Überhitzer vieler Einheitslokomotiven geführt." Für Professor Nordmann galt die 1D1-Schnellzuglokomotive der Sächsischen Staatseisenbahnen, die 1918 erstmals gebaut und dann die Berlin-Münchener Schnellzüge zwischen Leipzig und Hof auf langen Steigungen 1:100 beförderte, als „Pionierlokomotive" der vierfachen Kupplung für ausgesprochene Schnellzug- und Personenzuglokomotiven.

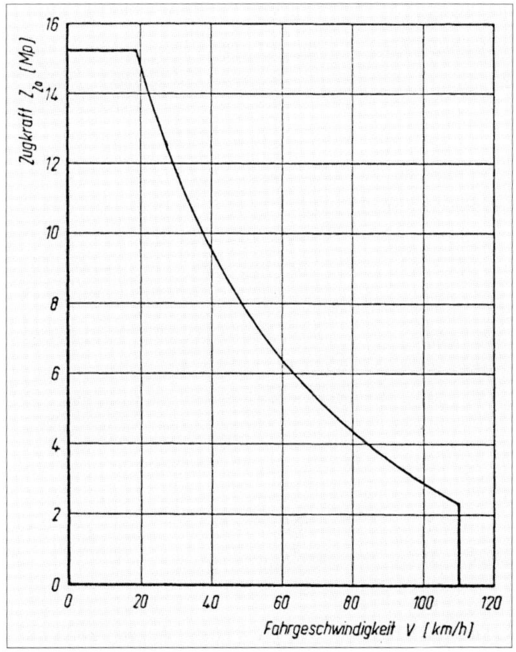

Das Zugkraft-Geschwindigkeits-Diagramm der P 10

Nordmanns Vortrag am 11. April 1946 auf der Gesamtsitzung der Deutschen Akademie der Wissenschaften zu Berlin (Mathematisch-naturwissenschaftliche Klasse) hatte zwar die „letzte 1D1-Personenzug-Lokomotive Preußens vor der Verreichlichung", also die P 10, mit in seine Betrachtung einbezogen. Das Lob und Beispielhafte galt aber dem „Sachsenstolz".

Oberregierungsbaurat **Richard Paul Wagner**, Mitglied des Eisenbahn-Zentralamtes Berlin, bemerkte im Jahre 1924 zur P 10: „Die Maschine konnte ihres ruhigen Laufes wegen eine Höchstgeschwindigkeit von 110 km/h erhalten und dient zur Beförderung von schweren Schnell- und Personenzügen im Hügelland und auf anschließenden Flachlandstrecken. Hierfür macht sie das Reibungsgewicht von 75,7 t, die Dampfleistung von 2000 PSi und das gleichmäßige Drehmoment der Dreizylinder-Anordnung gut verwendbar. Mit ihrer durchschnittlichen Achsbelastung von etwa 18,9 t auf

Richard Paul Wagner: Die P 10 kann, gut unterhalten, durchaus 120 km/h laufen. Die 39 048 beendete ihre Karriere 1966 im Bw Jünkerath. Unten: Auf Strecken mit wechselnden Neigungen und flachen Abschnitten gleich gut einsetzbar – die 39 196 kommt 1936 die Rampe Erkrath – Hochdahl herab

den gekuppelten Radsätzen ist sie dem Umbauprogramm für die Brücken vorausgeeilt und unterliegt daher noch bis zum April 1925 Fahrbeschränkungen. Ihre reichlich schwere Bauart (55 kg Dienstgewicht für 1 PSi) macht sie zwar teuer in der Anschaffung, dürfte sich aber in der Unterhaltung günstig auswirken."

Im Jahre 1936 schrieb R. P. Wagner in der „Verkehrstechnischen Woche" mit Vehemenz: „Für diejenigen Züge, die durch Gewicht und höhere Marschgeschwindigkeit größere Anforderungen an die Lokomotive stellen, ist bis auf weiteres noch vorgesorgt durch die in einigen Hunderten vorhandene Baureihe 39^{0-2} (P 10), eine Dreizylinderlok der Achsanordnung 1D1 mit Krauss-Gestell vorn und 1750 mm Treibraddurchmesser aus dem Jahre 1922. Diese hat trotz des mit der P 8 gleichen Treibraddurchmessers 110 km/h Höchstgeschwindigkeit erhalten, da sie infolge der Drillingsanordnung und des kräftigen Barrenrahmens sehr ruhig läuft.

Ihre Höchstgeschwindigkeit könnte zur Not auch auf 120 km/h gesteigert werden. Die Reichsbahn hat also Zeit zur ruhigen Entwicklung und Erprobung einer Reichsbahn-Personenzuglokomotive mit Schlepptender."

Friedrich Witte, damals Eisenbahn-Zentralamt Göttingen, stellte in einer Rückschau zur Einheitslokomotiv-Entwicklung fest: „Das Vorgehen der ehemaligen Preußischen Staats-Eisenbahn Verwaltung mit dem Bau der ersten 1D1-Personenzug-Lokomotive P 10 mit nahezu 20 t Achsdruck hat zweifellos bahnbrechend mitgewirkt. Um die Berechtigung der 2C1-Schnellzuglokomotive neben der auf Steigungsstrecken auch für Schnellzüge geeigneten 1D1-Personenzuglokomotive mit ihrer großen Anfahrbeschleunigung ging die Diskussion im ‚Engeren Lokomotiv-Ausschuß' bis zum letzten Augenblick. Die guten Erfahrungen, die bezüglich der Laufruhe der Dreizylinder-P 10 auch vor Schnellzügen vorlagen, konnten natürlich bei einer damals üblichen Höchstgeschwindigkeit von 120 km/h leicht dazu führen, in dieser 1D1 eine Art Universalmaschine für schweren Personenzug- und Schnellzugdienst zu sehen, da die Kesselleistungen der 2C1 und der 1D1 nahezu gleich waren."

Geranientöpfe, ein altes Telefon, angespitzte Bleistifte und draußen die 39 160 – Lokleitung Bw München Hbf 1960. Die P 10 gehört zum Bw Kempten. Hinten dampft eine P 8 in Richtung Mühldorf vorüber

10. Von Adamsachse bis Zugkraft – Exkurs in Konstruktion und Praxis

Die P 10 entstand als eine anspruchsvolle Dampflokomotive, die zwar in Eisenbahner- und Interessentenkreisen keinen ungeteilten Widerhall fand, aber dem Wunsch ihrer Konstrukteure folgend, eine besonders vielseitige und leistungsfähige Dampflokomotive wurde, die auf Ausstellungen (Deutsche Gewerbeschau 1922 in München, Eisenbahntechnische Ausstellung 1924 in Seddin) als hervorragendes Erzeugnis große Anerkennung fand.
Ihr Erstbeschaffungspreis belief sich auf ungefähr 200 000 Mark. Die Ingenieure und Techniker von Borsig brillierten aber nicht allein mit ihren technischen Lösungen zur P 10, sondern mit eigens geprägten neuen Gestaltungsformen, obwohl von Designern und mitbestimmenden Luftwiderstandsbeiwerten noch gar keine Rede war. Selbst in ihrer Akustik offenbarte die P 10 ihren „Charakter": Wer die schwer arbeitende Lok im Mittelgebirge, besonders im Thüringer Wald, bei zurückflutendem Echo erlebte, wird diesen „Sound" kaum vergessen.
Der nachstehende ungewöhnliche Exkurs gibt am Beispiel unserer P 10 einen interessanten summarischen Einblick in die zu ihrer Zeit herrschenden Orientierungs- und Entwurfseigenheiten. Wichtige lokomotivtechnische Vorgänge rücken ins Geschehen und erinnern gleichzeitig an begleitende Diskussionen, an Konstruktionsbeispiele und an manche Polemik im entwicklungsspezifischen Umfeld.

Adams-Achse : Der hintere, beiderseits mit 100 mm Seitenverschiebbarkeit ausgestattete Laufradsatz der P 10 wurde konstruktiv als sogenannte Adams-Achse ausgebildet. Die relativ einfache Kinematik der seitlichen Radialverschiebbarkeit mit Hilfe besonderer Achsbuchsen und Achslagerführungen wurde erstmals von William Bridge Adams (1823–1904) im Jahre 1851 an Eisenbahnwagen ausgeführt. 1863, als Adams Locomotive Superintendent der North London Railway war, folgten die ersten Probe-Anwendungen für Lokomotiven.
Bei der preußischen P 10 betrug die Vorspannung der Rückstellfedern 205 kg. Die Endspannung zur Rückführung des Adams-Radsatzes in Mittelstellung belief sich auf 960 kg.

Barrenrahmen: Die fertigungstechnische Bearbeitung von Barrenrahmen galt gegenüber dem Blechrahmen als teurer. Wegen der besseren Übersichtlichkeit und dem leichteren Zugriff zum Innentriebwerk und anderen zwischen den 100 mm dicken Rahmenwangen liegenden Teilen der P 10 bot sich jedoch der Barrenrahmen vorzugsweise an. Wie schon etwa von 1904 an bei den Maffei-Lokomotiven der Bayerischen Staatseisenbahnen verwendet, hatten sich auch Borsig und die Preußischen Staatsbahnen bei der P 10 für den Barrenrahmen entschieden.
Das war schließlich gerechtfertigt, weil die präziseren Herstellungsmöglichkeiten und die exaktere Bearbeitung des Barrenrahmens einen Verzicht auf die sonst im Blechrahmenbau nötigen Anpaßarbeiten ermöglichten. Und damit konnte ein gut durchdacht konstruierter Barrenrahmen im Hinblick auf den Lokomotivzusammenbau und auf das Austauschprinzip sogar preisgünstiger werden als ein geschraubter oder genieteter Blechrahmen. Das galt weniger für Stahlgußrahmenwangen, aber umso mehr für das in Deutschland übliche Verfahren mit aus dicken gewalzten Stahlplatten herausgearbeiteten Barrenrahmenwangen. Die Schweißtechnik hatte noch keine Chancen.

Baufirmen: Die ersten 22 Lokomotiven der Gattung P 10 lieferte die Urheberfirma Borsig in den Jahren 1922 und 1923. Die weiteren Vergaben

Die Henschel-Lok 39 148 mit Indusi: Blick auf den Fahrzeugmagneten und den Gerätekasten (1960)

Annonce der Fahrzeugbeleuchtungs-Gesellschaft (FABEG) mit der 39 181 aus der Nachkriegszeit

gingen an Henschel, wiederum an Borsig, an Krupp, an die Hanomag, an Linke-Hofmann und an die Maschinenbau-Gesellschaft Karlsruhe. Die letzte der 260 bestellten Lokomotiven ist im Jahre 1927 in Dienst gestellt worden.

Baureihenwechsel: Im vorläufigen Umzeichnungsplan der Deutschen Reichsbahn des Jahres 1923 war für die preußische P 10 die Baureihenbezeichnung 17 vorgesehen. Der endgültige Plan von 1925 sah dann die Baureihennummer 39 vor. Nach 1945 wurden die in das Rekonstruktionsprogramm der ostdeutschen Reichsbahn aufgenommenen 39er Lokomotiven mit geschweißten Hochleistungskesseln als Baureihe 22 bezeichnet.

Chemnitz: Die einstige sächsische Maschinenbau-Metropole, vorübergehend in Karl-Marx-Stadt umbenannt, besaß bereits Anfang der dreißiger Jahre sechs Lokomotiven P 10, die vorübergehend für die Zugförderung zwischen Chemnitz und Berlin sowie Chemnitz und Leipzig vorgesehen waren. Überhaupt waren vor Kriegsbeginn in Sachsens großen Bahnbetriebswerken Chemnitz Hbf (allerdings nur wenige Jahre), Leipzig Hbf West, Leipzig Hbf Nord, Dresden Altstadt und Reichenbach (Vogtl) beträchtliche Konzentrationen von P 10-Lokomotiven festzustellen, obwohl es dort die mächtige Vierzylinder-Verbund-Pionier-Lokomotive der Sächsischen Maschinenfabrik gab. Chemnitz hatte nach 1945 den Ruf, für viele P 10-Lokomotiven (meist als Rekonstruktions-Baureihe 22) das letzte Bahnbetriebswerk vor der Ausmusterung zu sein.

Drillingstriebwerk: Das für die P 10 gewählte Dreizylindertriebwerk hielten die Konstrukteure für erforderlich, weil ein häufiges Anfah-

An der Bekohlung im Bw München Hbf wartet die 39 212, die vom August 1948 bis zum Mai 1950 in Treuchtlingen stationiert war

Die 39 001 erklimmt mit ihrem E 170 im Jahre 1933 die nördliche Frankenwaldrampe kurz vor Steinbach am Wald. Offensichtlich ist das Tempo recht gering, wie man am steil aufsteigenden Auspuffschlag erkennt. Stand das Vorsignal auf „Halt erwarten" oder wird gebaut? Das Gleis ist jedenfalls frisch geschottert

ren im Reisezugdienst bei zugleich erfreulichem Massenausgleich in Frage kam und bei gleichem Kuppelraddurchmesser, wie ihn auch die P 8 besaß, jedoch eine größere Fahrgeschwindigkeit einzukalkulieren war. Das Tangentialdruck-Schaubild der Einfach-Expansions-Drillingsmaschine mit 120 Grad Kurbelversetzung ließ einen gegenüber der Zwillingsausführung wesentlich gleichmäßigeren Zugkraftverlauf erkennen, der zur Optimierung des Beschleunigungsvermögens beitrug. Außerdem war eine einfach gekröpfte Achswelle im Preis eher zu verkraften als eine sonst notwendige zweifach gekröpfte eines Vierzylinderverbund-Triebwerkes.

Elektrische Ausrüstung: Die P 10 erhielt anfangs eine Gasbeleuchtung der Bauart Pintsch, Berlin, wobei sich der Ölgas-Behälter auf dem Tender vor der Rückwand und der Gasdruckregler unterhalb des Wasserkastens befanden. Später hat die Deutsche Reichsbahn alle Lokomotiven mit einer elektrischen Beleuchtungsanlage unterschiedlicher Systeme mit 24-Volt-Gleichstrom-Turbogeneratoren der Bauarten AEG, Pintsch, Melms & Pfenninger-Poege sowie Henschel & Sohn ausgerüstet.
Danach folgte schrittweise die Reichs- und Bundesbahn-Einheitsbauart durch Vereinheitlichung des Dampf-Turbogenerators (0,5 kW bei 3600 U/min), der Steuerung und der Anschlußstellen: Drei Strecken- und Signal-Lampen, drei Tender-Laternen, je eine Deckenleuchte, Wasserstands- und Steuerbockleuchte im Führerstand, darüber hinaus mehrere Triebwerkleuchten unterhalb des Laufbleches und unter dem Langkessel für das Innentriebwerk. Für die induktive Zugbeeinflussung standen noch 0,2 kW zur Verfügung. Die P 10 erhielt außerdem ein elektrisches Pyrometer.

Garbe : Robert Garbe brachte in seinem Ergänzungsband zur 2. Auflage seines Handbuches „Die Dampflokomotiven der Gegenwart" (Berlin 1924) auch eine Betrachtung der P 10. Er bemängelte den hohen Dampfverbrauch während der Versuchsfahrten zwischen Lehrte und Stendal sowie zwischen Lehrte, Wustermark und Berlin-Charlottenburg. Die beiden Dreikuppler der Gattungen S 10^1 und S 10^2 erbrachten günstigere Resultate. „Damit soll aber nicht bestritten sein", so Garbe, „daß die P 10-Lokomotive in einem begrenzten Sondergebiet zu schneller Beförderung schwerster Schnellzüge auf Bergstrecken sehr leistungsfähig ist. Dies zeigen die Versuchsfahrten zwischen Hausach und Sommerau sowie zwischen Güsten und Mansfeld." Zusammenfassend lehnte Robert Garbe jedoch bei 20 t zulässigem Achsdruck den Vierkuppler im Schnellzugdienst und die Drillingsmaschine ab.

Führerhaus : Das typische Borsigsche Führerhaus trug wesentlich zu dem auf der Deutschen Gewerbeschau in München geäußerten Lob für die „schöne Formgebung" der 11 000. Borsig-Lokomotive, Gattung P 10, bei. Das Lokomotivpersonal beklagte allerdings verschiedentlich die etwas zu schmal geratenen vorderen Drehfenster. Die später im Zuge des Umbaues zur Baureihe 22 montierten Einheits-Führerhäuser empfanden die Personale bequemer und geräumiger.

Heusinger-Steuerung: Die nach Heusinger-Walschaert entwickelte Steuerung, ausgeführt mit Kuhnscher Schleife, ließ sowohl bei Vorwärts- als auch bei Rückwärtsfahrt Füllungen bis zu 80 Prozent zu. Für den Mittelzylinder war ein selbständiger Steuerungsantrieb konstruiert worden, um seine Steuerung unabhängig von den anderen einstellen zu können, und – wie die Erbauer betonten – um bei Störungen in einem Zylinderantrieb unter allen Umständen die beiden anderen Zylinder voll betriebstüchtig zur Verfügung zu haben.
Borsig hatte für die P 10 auch Zeichnungen für die Hängeeisen-Bauart in der Schublade, nach denen später die MBG Karlsruhe eine P 10 (39 230) lieferte. Das unliebsame Steinspringen und die ungewöhnliche großen Massendrücke

Das genietete Führerhaus der 39 127 (Hanomag)

im oberen Geschwindigkeitsbereich führten bei den Nachkriegs-Schadlok-Ausbesserungen in der Maschinenfabrik Esslingen auf Wunsch der Bahn dazu, konstruktive Abhilfe zu schaffen. Es blieb jedoch bei der alten Kuhnschen Schleife und nur einer P 10 mit Hängeeisen.

Indizierte Leistung: Anhand der vom Indikator-Schreibgerät über dem Kolbenhub aufgezeichneten Dampfdruckschaulinien kann die jeweilige indizierte Arbeit mit Hilfe eines Planimeters ermittelt werden. Die Flächen der Dampfdruck-Diagramme aller Zylinder ergeben nämlich die bei einer Radumdrehung vollbrachte Arbeit, aus der sich die Leistung, also die Arbeit pro Zeiteinheit, errechnen läßt. Die unter Verwendung eines Indikators ermittelte Leistung heißt demzufolge „indizierte" oder Zylinder-Leistung. Sie ist nicht identisch mit der geringeren Leistung am Radumfang oder am Zughaken.

Jubiläums-Lokomotiven: Die Lok „Elberfeld 2811" erhielt bei Borsig die Fabriknummer 11 000. Sie wurde laut Borsig-Verzeichnis am 12. April 1922 abgeliefert und erhielt einige Zeit

Wenn die P 10 in Fahrt war, schwoll ihr Drillingstakt zu einem Rauschen an, bei dem die einzelnen Auspuffschläge nicht mehr voneinander zu unterscheiden waren. Die 39 227 am 11. Januar 1965 bei Kempten

später bei der Reichsbahn die Betriebsnummer 39 002, obwohl ihr im vorläufigen Umzeichnungsplan die Einordnung in die Baureihe 17 zugedacht war. Jene stolze 1'D1'-Maschine mit ihrer „Tausender-Fabriknummer" war also eine der Jubiläumslokomotiven, für die sich die Presse und Werbung besonders zu interessieren pflegen, wenngleich solche nüchternen, fortlaufenden Listennummern der Hersteller nicht unbedingt gleichbedeutend mit der Zahl der gelieferten Lokomotiven sein mußten. Jedenfalls ist die elftausendste Borsig-Lokomotive nicht allein in der eisenbahntechnischen Fachpresse zum „Ereignis", sondern auch von vielen Tageszeitungsjournalisten zur „Attraktion" aufgewertet worden.
Für die in- und ausländische Lokomotiv-Industrie waren solch mit „runden Hersteller-Zahlen" versehenen Lokomotiven willkommene Anlässe, die eigene Öffentlichkeitsarbeit zu aktivieren. Im Jahre 1923, ein gutes Jahr nach Borsig, trat auch Henschel in Kassel auf den Plan, um wieder eine P 10-Jubiläumslokomotive feierlich zu verabschieden. Es war die Henschel-Lokomotive mit der Fabriknummer 20 000. Diese Kasseler P 10, der man damals kurz vor Anbringung des Girlanden-Festschmucks noch die in jenen Monaten neu eingeführten Windleitbleche montierte, trug später bei der Reichsbahn die während der Feierlichkeiten noch nicht zu sehenden Betriebsnummernschilder 39 067 mit dem Abnahmedatum vom 3. Oktober 1923. Merkwürdigerweise enthielt die Lieferliste den Betriebsnummerneintrag „KED Cassel 17 040". Die Bestellung scheint demnach mit der vorläufigen Eingruppierung als Baureihe 17 ausgeschrieben worden zu sein.

Kropfachse: Beim Einachsantrieb der P 10 wurde der zweite Kuppelradsatz zum Treibradsatz gemacht, auf den alle drei Zylinder wirkten. Die einfach gekröpfte Kurbelwelle erhielt mit 240 mm im Durchmesser dimensionierte Achsschenkel, während die anderen Kuppelradsätze schwächere Achsschenkel mit nur 220 mm Durchmesser aufwiesen. Die bei Vorwärtsfahrt betrachtete Aufeinanderfolge der Kurbeln des Kropfachs-Radsatzes mit 120 Grad Kurbelversetzung lautete: Rechts – links – Mitte. Es wurden geschmiedete Schrägarm-Kropfachsen verwendet. Die Beschaffung der Kropfachsen warf nach 1945 gewisse Probleme auf.
Im Hinblick auf die Reko-Lokomotiven, Baureihe 22, und die herzurichtende Schnellfahrlokomotive 18 314 hatte sich in den fünfziger Jahren Max Baumberg mit Herstellungsanfragen für neue Kropfachsen nach Westdeutschland gewandt. Es gab ja nicht mehr allzu viele Firmen, die Lokomotiv-Kropfachsen anbieten konnten. Zu den wenigen gehörten die Ruhrstahl AG Henrichshütte, der Bochumer Verein, Krupp und die Georgs-Marien-Hütte in Osnabrück. Borsig war ja längst ausgefallen.

Luftsaugeventil: Ein besonderes Charakteristikum der P 10 war ihr auf dem Dampfsammel-(Überhitzer-) Kasten angeordnetes Luftsaugeventil, das bei den Lokomotiven der einzelnen Lieferungen unterschiedliche Konstruktionsmerkmale hatte. Es kamen sowohl druckluftgesteuerte Knorr-Ventile als auch selbsttätig arbeitende Ventile der eigenen Bauart Borsig in Frage. Sinn dieser Ventile war die Kühlung der Umkehr-Enden der Überhitzerrohre und die Zuführung erwärmter Luft an die Zylinderwände. Damit wurde die unerwünschte Abkühlung der Dampfmaschine vermieden.
Außerdem hatte das Luftsaugeventil noch eine ergänzende Funktion zu den Druckausgleichern, wobei der beim Leerlauf entstehende Unterdruck wieder „aufgefüllt" werden konnte. Wer die P 10 während ihrer früheren Betriebszeit genauer kannte, wird sich noch gut an das charakteristische Schließgeräusch der selbsttätig arbeitenden Ventile beim Dampfgeben erinnern.

Massenausgleich: Bei dreikurbeligen, mit 120 Grad versetzten Triebwerken entstanden im allgemeinen dann keine freien Kräfte, wenn die Zylinder möglichst in einer Ebene und mit gleichen Abständen angeordnet waren. Die hin- und hergehenden Massen der P 10 glichen sich insoweit aus, als keine Zuckbewegungen

Oben: In Konstanz überquert die 39 198 in den fünfziger Jahren die Brücke über den Rhein. Unten: Der D 270 erreicht mit der 39 020 an der Spitze 1954 Schwetzingen

im Gang der Lokomotive entstanden. Bedenken gegen Drehschwingungen, die freilich noch andere Ursachen hatten, führten bei der P 10 aber dazu, die schwingenden Massen der Außentriebwerke zu 27 Prozent durch Gegengewichte zu kompensieren.

Normung: Eine der wichtigen Voraussetzungen für den sachgemäßen Vorrats- und Austauschbau bildete die konsequente Normung der Lokomotivgattungen und ihrer Bauteile, insbesondere der dem Verschleiß unterworfenen Maschinenteile. In diesem Zusammenhang ist auch die weitgehende Vereinheitlichung der Baugruppen bereits vorhandener älterer Lokomotiven zu sehen. Die sogenannte Typisierung ermöglichte schon zwischen den beiden Weltkriegen eine Verkürzung der Ausbesserungszeit in den Werkstätten und beträchtliche Einsparungen durch Reihenfertigungen ganzer Lokomotiven und ihrer konstruktiven Komponenten. Sie sicherte aber auch die rasche Bereitstellung von Vorratsteilen auf Abruf. Natürlich mußten im Interesse austauschbarer Fertigung den Bahnwerkstätten ebenso wie den Lokomotivfabriken die hierzu nötigen Meßgeräte und die vom Vereinheitlichungsbüro erstellten Werkzeichnungen zur Verfügung gestellt werden.
Die früheren preußischen Staatsbahnen hatten versucht, beim immer umfangreicher werdenden eigenen Rollmaterialbestand die Grundsätze der wirtschaftlichen Produktion und Instandhaltung strenger zu befolgen und vor allem durch die Einschränkung der im Betrieb unentbehrlichen Dampflokomotivgattungen gewisse Fortschritte zu erzielen, dabei auch die Neubeschaffungen anhand bestimmter „Normalien" vorzunehmen.
Als letzte preußische Reisezuglokentwicklung bildete die P 10 einen entscheidenden Ansatzpunkt und – mehr als die sächsischen, bayerischen, badischen und württembergischen Schwestermaschinen – eine Basis für eine Typenbereinigung mit Neuentwurf eines Einheitslokomotiv-Typenplanes für die junge Deutsche Reichsbahn. Und so war die P 10 – nunmehr fast vereinheitlicht – als 1D1-Drillingslokomotive mit 1750 mm Kuppelraddurchmesser, vorderem Krauss-Helmholtz-Gestell und Adams-Schleppradsatz im seinerzeitigen Einheitstypenplan wiederzufinden. Ihre nach diesem Muster beabsichtigte Verwirklichung wurde jedoch zugunsten der Dreikuppler zurückgestellt. Sie hätte 14 kg/cm^2 Kesseldruck, 238 m^2 Verdampfungs- und 100 m^2 Überhitzerheizfläche sowie einen 4,5 m^2 großen Rost bekommen. Mit drei Zylindern von je 600 mm Durchmesser und 660 mm Hub wäre die „genormte P 10" auf 80 t Reibungsmasse gekommen und hätte damit die gleiche Adhäsion und etwa denselben Achsdruck gehabt wie die späteren Reichsbahn-Elektrolokomotiven E 17 und E 18, ebenfalls 1D1-Bauarten.

Original-Kessel: Der Ursprungskessel der P 10 wurde vor allem unter den Gesichtspunkten miserabler Kohlen-Beschaffenheit in der ersten Nachweltkriegszeit und einer der Gattung P 8 überlegenen Leistungsfähigkeit entworfen und gestaltet. Die Konstrukteure gingen von mindestens 4 m^2 Rostfläche aus. Sie mußte sich in ihrer Grundrißform dem hinteren Radsatzstand anpassen und auf die Eigenarten des Barrenrahmens Rücksicht nehmen. Aus bogenlauftechnischen Gründen durfte der Abstand der letzten beiden Lokradsätze ein gewisses Maß nicht überschreiten, abgesehen davon, daß man mit einer Verlängerung der Achsstände auch den Gesamtradstand und damit das Befahren der Drehscheiben beeinflußt hätte. Die Borsigschen Kesselbauer orientierten sich deshalb an Gepflogenheiten ausländischer Bahnen.
Sowohl die französischen Pazifik-Schnellzug-Lokomotiven der Serien 3500 und 4500 (Paris-Orléans-Bahn) wie auch die italienischen 2'C1'-Vierzylinder-Lokomotiven der Baugruppe 690 (Staatsbahnen), beide aus der Vorweltkriegszeit, hatten Rostflächen mit Trapez-Grundriß. Man übernahm ihn auch für die P 10, und zwar vorn mit 968 mm und hinten mit 1744 mm Breite. Damit hatte der Belpaire-Stehkessel zwischen den 1750 mm hohen Kuppelrädern Platz und

Ein Bild aus den fünfziger Jahren: Im Starnberger Bf in München hat die 39 218 einen Zug hereingebracht. Die Maschine verkörpert noch voll und ganz die Ästhetik der dreißiger Jahre. Die gleiche Maschine ...

konnte fast bis auf die Rahmenwangen heruntergezogen werden. Der Langkessel bestand aus zwei zylindrischen Schüssen mit 1800 und 1840 mm Innendurchmesser. Mit der Nutzung des in Preußen etwas ungewohnten, keilförmigen Stehkesselgrundrisses konnte der gesamte Kessel im Sinne einer guten Lastverteilung weit vorn angeordnet werden, wodurch der hintere Laufradsatz eine Entlastung erfuhr. Darüber hinaus ergab sich mit dieser Stehkesselbauart eine größere unmittelbare Feuerbüchs-Heizfläche. Stehkesselmantel und Stehkesselrohrwand bestanden aus 18 mm dickem Stahlblech. Die Rückwand hatte 17 mm Blechstärke. Bei der kupfernen Feuerbuchse kamen für den Mantel und die Rückwand jeweils 16 mm, für die Rohrwand 26 mm Blechdicke in Betracht. Für die Stehbolzen wurde je nach Lage und Beanspruchung sowohl Mangankupfer wie auch das übliche Stehbolzenkupfer und – für die Deckenstehbolzen – Stahl gewählt.

... wiederum in München, einige Jahre später. Die Lok sieht nun nach DB aus – nur der alte Kessel, das Grundproblem, wurde nicht angegangen

Der Langkessel mit 34 Rauch- und 138 Siederohren erhielt einen Abstand der Rohrwände von 5800 mm. Der Dampf- (Regler-) Dom befand sich etwa in Langkesselmitte. Ein zweiter Dom für die Einspeisung mit Schlammabscheider war anfangs gar nicht eingeplant.

Die 39 236 vom Bw Jünkerath steht im August 1963 im Kölner Hauptbahnhof zur Abfahrt bereit hinauf in die Eifel. Im März 1965 wurde die Maschine ausgemustert

Aber über seinen Nutzen gab es bald keinen Zweifel mehr, so daß es zum Kesselaufbau kam. Doch bis zum Ende des Jahres 1922 war noch kein endgültiges und verbindliches Abscheider-System gefunden. Die Versuche dauerten länger. Ein Winkelrost-Schlammabscheider galt dann für geraume Zeit als am wirksamsten. Durch feines Versprühen des mit 95°C eingespeisten Wassers sollten die Härtebildner ausfallen, wobei der Schlamm in seitlichen Taschen zum Schlammtopf am Kesselboden gelangen konnte. In späterer Zeit machten sich sogenannte Gestra-Ventile (Dampftechnische Apparate Gustav F. Gerdts Bremen) mit Entsalzungseinrichtung zur Lokomotivkessel-Entsorgung nützlich.

Die 2915 mm lange P 10-Rauchkammer bekam die in Preußen gebräuchliche Tür mit Zentralverschluß und Handradspindel.

Der Saugzug besaß eine Blasrohrmündung, deren Abstand 866 mm von der Unterkante des außen recht niedrigen Schornsteines maß. Das tief über dem Rauchkammerboden angeordnete Blasrohr lag mit seiner Mündung weit unter Kesselmitte, womit dieser Anordnung eine Vorbildfunktion für die späteren Reichsbahn-Einheitslokomotiven zufiel.

Den Entwurfsarbeiten und Berechnungen der P 10 lag eine erwartete stündliche Dampfmenge von 12,65 t (bei einer Heizflächenbelastung von 60 kg/m^{2}h) zugrunde, und man dachte an eine Zylinderleistung von 2300 PS.

In der Praxis sahen diese Zielvorgaben jedoch anders aus, wobei als Kesselgrenzleistung zunächst 12,45 t/h bei 57 kg/m^{2}h galten. Nach einer leider erst recht verspäteten Änderung der Luftzufuhrquerschnitte im Aschkasten und einer Neuabstimmung der Saugzuganlage bei der Lokomotive 39 119 konnten im Jahre 1956 etwa 18 t Dampf pro Stunde bei 83 kg/m^{2}h Heizflächenbelastung in Beharrungsfahrt einige Zeit durchgehalten werden. Laut Theodor

Die P 10 fuhr alles, nach dem Krieg auch hochwertige F-Züge. Mit dem F 23 überquert die 39 181 im Jahre 1952 die Enzbrücke bei Bietigheim

Düring soll dabei die Zughakenleistung fast 2000 PS betragen haben, also 42 Prozent Mehrleistung gegenüber der früheren P 10-Kesselgrenzleistung von 1410 PSe. Mit dem Original-Kessel hatte die P 10 in ihrem Ursprungszustand kurze Zeit nur knappe 1700 PSe Spitzenleistung hergegeben.

Personenzugdienst: Die Preußisch-Hessischen Staatseisenbahnen unterteilten ihren Dampflokomotivbestand in vier Hauptgattungen:
S = Schnellzuglokomotiven
P = Personenzuglokomotiven
G = Güterzuglokomotiven
T = Tenderlokomotiven.
Die Reichsbahn erweiterte dieses Schema und machte eine Betriebs-Gattungsbezeichnung daraus, zum Beispiel S 36.17, Pt 37.20, K 57.10 und andere. S stand wie in Preußen für die Schnellzug-Lokomotiven. Mit G (Gt) kennzeichnete die Verwaltung die Güterzug- (Tender-) Lokomotiven, mit Z die Zahnradbahnlokomotiven, mit L die Lokalbahn- und K die Schmalspur- (Kleinspur-) Lokomotiven.

Die Ziffer- oder Zifferngruppe vor dem Punkt informierte über das Radsatz-Kupplungsverhältnis (3 = 3 Kuppelradsätze, 6 = Gesamtzahl der Lokomotivradsätze). Die zweite Zifferngruppe oder die alleinige Ziffer nannte die durchschnittliche Kuppelachsfahrmasse.
Unsere P 10 war für den Personenzugdienst vorgesehen und erhielt dem Schema zufolge das Gattungsmerkmal P 46.19. Die Aufteilung vieler Lokomotiven auf die durch Buchstaben gekennzeichneten Hauptgruppen war kaum eindeutig möglich. Schon die Eisenbahn-Bau und Betriebsordnung (BO) vom 17. Juli 1928 (mit Ergänzung vom 1. September 1957) unterschied im § 54 (Begriff, Gattung und Stärke der Züge) nur zwischen Reise- und Güterzügen, wobei der korrektere Begriff „Reisezug“ sowohl die landläufigen, langsamer fahrenden und oft haltenden Personenzüge als auch die Schnellzüge umfaßte.
Die Lokomotive der Gattung P 10 (P 46.19) brachte die Organisatoren bereits in Verlegenheit. Wer sich an die Berichterstattung bei der Verabschiedung der Borsig-Lokomotive mit

Die 39 253 mit dem genieteten Tender 2'2'T31,5 im Juli 1960 im Bw Stuttgart. Von hinten war Preußen nicht zu verleugnen, regelrecht urtümlich wirkt die Ansicht, erst recht mit der dritten Laterne

der Fabriknummer 11 000 (damalige Betriebsnummer „Elberfeld 2811") erinnert, der wird wissen, daß es hieß: „1D1-Drillings-Heißdampf-Lokomotive, die Schnell-, Personen- und Eilgüterzüge befördern soll".
Die Einordnung in eine der Kategorien machte Kopfzerbrechen. Nach dem vorläufigen Umzeichnungsplan für Länderbahn-Lokomotiven gab man der P 10 zunächst die für Schnellzuglokomotiven bestimmte Baureihennummer 17. So waren den ersten Borsig-Lieferungen die Betriebsnummern 17 001 bis 17 022 vorbehalten. Die Fabriknummern-Jubiläumslok bekam das Reichsbahn-Ziffernschild 17 002.
Doch dieses „Siebzehner-Interregnum" dauerte nicht lange. Die preußische, eindeutigere Schnellzuglokomotive der Gattung S 10 kam in die Baureihen-Gruppierung $17^{0\text{-}1}$ und die P 10 wurde der Baureihe $39^{0\text{-}2}$ zugeteilt, obwohl die Lokomotiven 39 023-038 noch mit den Betriebsnummern 17 023-038 bestellt wurden.

Die P 10 galt als Personenzuglokomotive, wenngleich sie mit 110 km/h Höchstgeschwindigkeit und mit ihren Leistungsdaten damals durchaus recht gut im Schnellzugdienst verwendet werden konnte.

Qualmkasten: Die Lokomotivheizer hatten mit der P 10 kein leichtes Spiel. Eine gut ausgeklügelte Rostbeschickung und eine ausreichend gute Verbrennung gelangen nicht immer. Wer mit der Kohlefeuerung und der Dampfhaltung Schwierigkeiten hatte, was nur allzu oft vorkam, hatte auch Ärger mit ziemlicher Qualmentwicklung. Selbst eine fachgerechte Heiztechnik brachte der P 10 bei den Heizern den Ruf eines „Qualmkastens" ein.

Rückstellfedern: Lenkradsätze, beispielsweise die Adams-Achse und Lenkgestelle, wie Bissel- oder Krauss-Helmholtzgestelle, wurden in der Regel mit Keilführungen, Pendelwiegen oder

Rückstell-Federn ausgeführt. Auch die P 10 macht da keine Ausnahme, denn ihre Rückstellfedern haben einen wesentlichen Anteil an ihrer Laufruhe und Fahrzeugführung. Der P 10 gab man ein vorderes Krauss-Helmholtz-Drehgestell und einen nachlaufenden Adams-Tragradsatz.

Das vordere Drehzapfenlager gestattete eine Verschiebung nach beiden Seiten um 75 mm. Es wurde durch zwei Blattfedern mit einer Vorspannung von 325 kg und mit einer Endspannung von 3100 kg in die Mittellage zurückgeführt. Um aber auch das einseitige Anlaufen des vorderen Laufradsatzes zu vermeiden, hat man ihm eine besondere Rückstellvorrichtung, jedoch mit Schraubenfedern für 255 kg Vorspannung und 960 kg Maximalspannung, gegeben. Der Adams-Radsatz erhielt Rückstell-Schraubenfedern mit 205 kg Vor- und 960 kg Endspannung, wobei der radiale Seitenausschlag beiderseits jeweils 100 mm ausmachte.

Strahlpumpe: Dampfstrahlpumpen gehören in die Kategorie der Kesselspeiseeinrichtungen. Die durch Kondensation eines Dampfstrahles erzeugte Energie erteilt dem Wasser eine derart große Beschleunigung, daß sie genügt, den Kesseldruck zu überwinden, um damit dem Wasser Zutritt zu verschaffen. Als Erfinder gilt der Franzose Manoury d'Ectot, der im Jahre 1818 auf seine „Dynatransfère" ein Patent erhielt.

Doch die erste wirklich brauchbare Strahlpumpe (Injektor) schuf H. Giffard ebenfalls in Frankreich. Damit gelang es, eine räumlich kleine und leichte Speiseeinrichtung mit recht gutem Wirkungsgrad zu verwenden. Sie bedurfte keiner bewegten Teile. Außerdem wurde das Speisewasser vor Eintritt in den Kessel beim Durchströmen der Dampfstrahlpumpe auf etwa 65 bis 70°C vorgewärmt.

Im Lokomotivbau hatte man die verschiedensten Bauarten und Systeme von Dampfstrahlpumpen. Deutsche Bahnen bevorzugten beispielsweise die Konstruktionen von Friedmann, Körting, Strube sowie Schäffer & Budenberg, in Österreich und Frankreich überwog Friedmann, in England Gresham und in Nordamerika dominierten Nathan sowie Sellers.

Außer einer Verbund-Speisepumpe der Bauart Nielebock-Knorr (250 Liter pro Minute) mit nachgeschaltetem Knorr-Oberflächenvorwärmer besaß die P 10 als zweite Speiseeinrichtung eine saugende Dampfstrahlpumpe, die der preußischen Injektor-Bauart Strube entsprach.

Tender: Der P 10-Tender entsprach weitgehend der älteren preußischen Regelbauart 2'2'T 31,5 nach Musterblatt III-5m für die 2'C-Schnellzuglokomotiven der Gattungen S 10, S 10^1 und S 10^2. Er war demzufolge eine Entwicklung der Vulcan-Werke Aktiengesellschaft, Werft und Lokomotivfabrik Stettin. Die beiden preußischen Flachprofil-Fachwerk-Drehgestelle (abgewandeltes „Diamond"-Vorbild) ermöglichten gute Zugänglichkeit und Übersicht. Mit einem Gesamtradstand des genieteten Tenders von 5600 mm paßte die P 10 knapp auf die 20-Meter-Drehscheibe.

Der für die P 10 mit einigen Änderungen nachgebaute Tender erhielt eine Doppelfederung und Vierpunkt-Abstützung. Dieses Prinzip wurde später für viele Einheitstender übernommen. Es kam auch für den 2'2'T 34 in Frage, mit dem wohl die meisten der nach 1945 im Betrieb verbliebenen P 10-Lokomotiven gekuppelt wurden. Nur wenige der Lokomotiven sind noch zusammen mit ihrem alten preußischen Tender, der in seiner Erstlieferung 18 500 Mark kostete, ausgemustert worden. Mehrere P 10-Tender dienten als umgebaute Schneepflüge noch lange Zeit dem Schneeräumdienst. Die bei der Reichsbahn der DDR verbliebenen und zur Baureihe 22 rekonstruierten P 10 sind sowohl mit den Einheitstendern 2'2'T 32 als auch mit denjenigen der Bauart 2'2'T 34 gekuppelt worden. Der Gesamtradsatzstand beider Tendergattungen betrug 5700 mm.

Überhitzer: Sie sind eingeführt worden, weil zur Erzielung derselben Leistung bei Heißdampflokomotiven im Kessel weniger Wasser verdampft werden muß als bei Naßdampflokomotiven. Damit waren also nicht nur Wasser-,

Winzig aus der Sicht des Lokführers, doch eminent wichtig: die Windleitbleche. Hier an der 39 231 die schmale Ausführung nach Witte

sondern auch Kohleneinsparungen erwirtschaftet worden. Um den Heißdampf zu erzeugen, erprobten die Konstrukteure und das Betriebsdienstpersonal im Versuch zahlreiche Überhitzer-Systeme, bis sich der Zivilingenieur Wilhelm Schmidt mit seiner betriebssicheren Bauart in der Dampflokomotiv-Ausrüstung auf den meisten Bahnen aller Kontinente überzeugend durchsetzte.

Auch die P 10 besaß einen Schmidtschen Überhitzer. Er bestand aus 34 Elementen zu je vier nahtlosen Stahlrohren mit 33 mm Innen- und 38 mm Außendurchmesser. Somit entfielen ungefähr 6,5 m² Verdampfungsheizfläche auf ein Überhitzerelement.

Die rückwärtigen Überhitzer-Umkehrenden wurden 600 mm von der Feuerbüchsrohrwand entfernt angeordnet, um ein Glühen beim Anstellen des Bläsers unter geschlossenem Regler zu verhüten. Einem Bericht von Ministerialrat Fuchs zufolge ergaben sich mit der P 10 während der ersten Probefahrten bei einer Belastung von 1 m² Heizfläche mit 69 kg Dampf in der Stunde maximale Überhitzungen von 361°C in der Heißdampfkammer des Dampfsammelkastens und 345°C im Schieberkasten. In dem vom Reichsbahn-Zentralamt Berlin gemeinsam mit Dr.-Ing. Erich Metzeltin zusammengestellten Werk „Die Entwicklung der Lokomotive 1880 – 1920" (II. Band) hieß es, daß Klagen laut wurden, weil die Dampfüberhitzung selten mehr als 330 bis 350°C erreichte, da die Überhitzer-Auslegung für die ungewöhnlich große Rohrlänge nicht richtig durchdacht war. Die Überhitzerheizfläche der P 10 maß 82 m², diejenige im Neubaukessel für die Baureihe 22 der DDR-Reichsbahn 83,8 m².

Versuchsfahrten: Die erste, dem Betrieb zur Verfügung stehende Borsig-Lokomotive „Elberfeld 2810" (39 001) absolvierte ihre Erprobungen auf den Strecken Güsten – Mansfeld (2. Juni 1922), Hausach – Sommerau (16. bis 19. Juni 1922), Saalfeld – Probstzella – Nürnberg (28. und 29. Juni 1922) sowie Berlin-Charlottenburg – Stendal – Lehrte (4. bis 7. Juli 1922).

Die Versuchs-Gesamtleitung hatte die seinerzeitige „Versuchsabteilung für Lokomotiven beim Eisenbahn-Ausbesserungswerk Grunewald" mit Regierungsbaurat R. P.Wagner. Ministerialrat Fuchs hierzu: „Die Versuche ergaben, daß die Lokomotive bis zu den höchsten erprobten Geschwindigkeiten von 128 km/h vollkommen ruhig lief. ... Besonders lehrreich waren die Versuche auf der Strecke Hausach – Sommerau der Schwarzwaldbahn, die auf einer Länge von rund 35 km einen Höhenunterschied von 590 m mit einer durchschnittlichen Steigung von 1:59 überwindet, deren zahlreiche Bögen von 300 m Halbmesser mit Bogenlängen bis zu 1100 m aber eine virtuelle Steigung von 1:52 ergeben. Außerdem gestatteten die 38, meist recht nassen Tunnel vorzüglich, die Reibungsverhältnisse der Lokomotive zu erproben. Mit guten stückreichen Kohlen wurden bei 390 t Wagengewicht mittlere Leistungen von 1025 PSe am Zughaken bei einer

Die 39 025 steht im September 1958 im Stuttgarter Hauptbahnhof kurz vor der Abfahrt nach Nürnberg. Standen ihr die alten Windleitbleche besser zu Gesicht? Eine Frage, die nie geklärt werden wird

mittleren Geschwindigkeit von 44 km/h gewonnen, wobei sich ein Wirkungsgrad PSe:PSi von etwa 60 Prozent und Zylinderleistungen von rund 2000 PSi ergaben."

Es folgten im Jahre 1924 weitere Versuche mit der P 10, diesmal auf den Strecken Küstrin – Landsberg, Landsberg – Kreuz, Berlin – Küstrin und wiederum Küstrin – Landsberg, wobei den Dampfverbrauchszahlen eine besondere Aufmerksamkeit geschenkt wurde. In der Zeit vom 12. Oktober bis zum 16. November 1928 fanden Versuchsfahrten zwischen Grunewald und Magdeburg mit insgesamt 42 Beharrungsmeßfahrten über den ganzen Leistungs- und Geschwindigkeitsbereich der Lokomotive 39 102 statt. Der Sinn der Meßfahrten war, Vergleichsdaten zu den damals neuen Dampfturbinen-Lokomotiven T 18 1001 (Krupp) und T 18 1002 (Maffei) zu erhalten.

Das Prüfpensum der P 10 mit dem Lok-Meßwagen Nr. 2 war damit keineswegs erfüllt und abgeschlossen. In der Zeit 12. bis 17. September 1935 mußte sich die Lok 39 198 (Bahnbetriebswerk Villingen) zwischen Offenburg und Konstanz sowie Kehl, Karlsruhe und Stuttgart mehrere Belastungsfahrten gefallen lassen, beispielsweise auf den Rampen 1:50 der Schwarzwaldbahn mit 22 Prozent Überlast. Die Versuche mit der 39 198 bestätigten im übrigen die bei der 39 102 vor dem Meßwagen mit Bremslok ermittelten Daten zur Aufstellung der Belastungstafel.

Im Jahre 1954 führte dann die Deutsche Bundesbahn mit der Lok 39 119 (Bahnbetriebwerk Gießen) weitere Untersuchungen, diesmal vor dem Lok-Meßwagen Nr. 5 zwischen Gießen und Kassel, im Sinne der „Aktion zur Verbesserung der Verdampfungswilligkeit" durch. Hierbei und bei Fahrten im Jahre 1956 bestätigten sich die Vorteile einer verbesserten Luftzuführung und einer geänderten Saugzuganlage.

Windleitbleche: Die Windleitbleche erfüllten weitgehend den Zweck, einen Abdampf- und

Das Jahr 1953, ein Bahnübergang an der Einfahrt zum alten Heidelberger Kopfbahnhof und die 39 023

Nicht eine einzige P 10 fiel unter die Reparationslieferungen aufgrund des Versailler Vertrages. Weil sie zu schwer war? Die 39 199 dampft 1937 in Horb mit dem D 14 nach kurzem Halt wieder los

Rauchniederschlag vor dem Lokomotiv-Führerhaus zu verhindern. Die Sichtbeeinträchtigungen kamen sehr oft bei Lokomotiven mit weitem, tiefliegendem Blasrohr und mit einem Schornstein großen Durchmessers vor, weil unter solchen Bedingungen, besonders bei geringer Lokomotivleistung, der Abdampf ohne wirksame Überschuß-Energie entwich. Auf Vorschlag der Aerodynamischen Versuchsanstalt in Göttingen konnte durch Anordnung sogenannter Luftleitbleche, anfangs auch Rauchleitbleche genannt, dieser Mangel vor allem bei schnellfahrenden Dampflokomotiven behoben werden. Die rechts und links neben der Rauchkammer angeordneten, schon seit 1922 sporadisch erprobten und in jener Phase noch verschieden gestalteten Bleche hießen später in der deutschen, lokomotivtechnischen Fachsprache „Windleitbleche".

Die Erstlieferungen der P 10 erhielten serienmäßig noch keine Windleitbleche. Doch schon 1924 sprach Hans Nordmann von der P 10 „in ihrer neuesten Gestalt mit den stark auffallenden Windleitblechen, denen die Aufgabe zufällt, einen Luftstrom so zu fangen und vor dem Führerhaus in die Höhe zu leiten, daß der bei schwachem Arbeiten und geringen Fahrgeschwindigkeiten zum Niederschlagen vor den Führerhausfenstern neigende Auspuffdampf und Rauch empor gewirbelt und dem Führer die Aussicht auf die Strecke freigehalten wird."

In den Jahren nach 1945 sind viele P 10-Windleitbleche gegen die kleineren und kostengünstigeren, erstmals in größeren Stückzahlen an den Kriegslokomotiven erschienenen ausgetauscht worden. Diese weniger gewichtigen Vorrichtungen setzten sich auf Initiative des Eisenbahn-Zentralamtes Göttingen (später Minden) und Friedrich Wittes bei der DB durch. Trotz erheblich verkleinerter Fläche sagte man ihnen die etwa gleiche Wirkung nach, wie sie große Bleche hatten. Im deutschen Sprachgebrauch bezeichnete man die kleinen, hochhängenden Ausführungen als Witte-Bleche. Über ihre Entwicklung wird im Abschnitt über das Konstruktionsgeschehen berichtet.

Der D 159 kommt im Sommer 1952 mit der 39 114 die Schwarzwaldbahn herab. Gerade überquert die Maschine die Gutachbrücke zwischen Hornberg und Triberg

Young-Plan: Der nach Owen D. Young benannte und 1929 ausgearbeitete Plan zur Regelung der deutschen Reparationsleistungen löste 1930 das von Charles Gates Dawes vorgelegte Dawes-Gutachten mit dem darauf basierenden Dawes-Plan zur Lösung der Reparationsfrage ab. Mit der Annahme des Dawes-Planes durch den Reichstag wurden die deutschen Eisenbahnen „zu einer wesentlichen Bezugsquelle der Reparationsleistungen" gemacht. Doch schon zuvor begannen aufgrund des Versailler Vertrages die Reparationsleistungen für die deutschen Bahnen, unter anderem auch mit der schrittweisen Ablieferung von etwa 5000 Dampflokomotiven. Obwohl es sich hierbei fast ausschließlich um deutsche Länderbahn-Lokomotiven handelte und die P 10 eine solche war, wurde sie nicht als Reparationsobjekt ausgewählt und in die Auslandslieferungen einbezogen. Das hatte vor allem zwei wichtige Gründe: Erstens hatte sie, obwohl schon 1919 zur Beschaffung vorgesehen, verspätet im Jahre 1922 ihre Premiere. Zweitens schreckte der hohe Achsdruck die Bahnen anderer europäischer Länder ab.

Zugkraft: Die in der Dampfmaschine erzeugte Zugkraft (Zi) wirkt über den Kurbeltrieb auf den Treibradumfang, wurde bei der P 10 auf weitere Kuppelradsätze verteilt und auf die Zug- und Stoßvorrichtungen von Lokomotive und Tender als effektive Zugkraft (Ze) übertragen. Hierbei durften die Kuppelradsätze die sogenannte Reibungsgrenze nicht überschreiten, weil sonst das berüchtigte Radschleudern aufgetreten und die Haftung zwischen Rad und Schiene verlorengegangen wäre. Die Reibungsgrenze läßt sich als Verhältnis der indizierten Zugkraft (Zi) zur Reibungsmasse (unter Berücksichtigung des Reibungskoeffizienten) definieren.
Die indizierte Zugkraft der P 10 wurde im Bundesbahn-Merkbuch mit 17 130 kg angegeben. Hans Nordmann nannte für die 39 001 eine Zugkraft an der Reibungsgrenze von 14 400 kg bei 22 km/h Fahrgeschwindigkeit.

Die 39 206 (MBG Karlsruhe 1924/Fabrik-Nr. 2292) verläßt vor einem Eilzug Konstanz – Stuttgart, bestehend aus „Silberlingen", am 23. April 1965 den Bahnhof Horb

11. Das Konstruktionsgeschehen um die P 10 im Wandel der Zeiten

Nicht sofort von Anfang an, sondern erst im Laufe der frühen Betriebsjahre und während der den Einsatz vervollständigenden Nachlieferungen halfen die P 10-Lokomotiven mit, die deutsche Schienenverkehrs-Effektivität zu steigern und den allgemeinen Reisezugdienst zu bereichern, womit sie in ihrer Funktion den zugedachten Zweck allmählich gut erfüllten. Konstruktionsabteilungen, Werkstätten- und Zugförderungsdienste waren ständig bemüht, die Lokomotiven zu verbessern und dem jeweiligen Stand der Technik anzupassen.
Das begann mit dem Ersatz der Gas- durch die Turbogenerator-Beleuchtung, reichte bis zu den Erprobungen mit den nach Karl Schulz, früher nach Nicolai, genannten Druckausgleich-Kolbenschiebern und gipfelte im partiellen Austausch des Kupfers gegen die sattsam bekannten „Heimstoffe" des „Dritten Reiches". Die Vergrößerung der Luftquerschnitte im Aschkasten, die nicht ganz befriedigende Radreifen-Näßeinrichtung, der Einbau der Apparate zur induktiven Zugbeeinflussung (Indusi) mit registrierenden Geschwindigkeitsmessern waren weitere konstruktive und betriebstechnische Maßnahmen, um manche der P 10-Lokomotiven effektiver zu machen.
An vielen dieser Verbesserungen und Versuche konnten allerdings nicht alle der preußischen Mikados teilhaben, auch nicht an allen der mehrfachen Änderungen der Saugzuganlage. Es ist aber durchaus reizvoll, einigen der nachträglichen konstruktiven „Schachzüge" und ihren Gründen nachzuspüren. Es waren ja gewissermaßen recht wichtige Feinheiten, die man bei den ersten deutschen Vierkupplern, die die Maschinenfabrik Esslingen im Jahre 1869 für die Hessische Ludwigs-Eisenbahn herstellte, im Betrieb noch nicht im entferntesten vermißte und trotzdem bald erörtern mußte.

Windleitbleche – mit oder ohne?

Die großen, in den zwanziger Jahren eingeführten Windleitbleche sind im Laufe der Einheitslokomotiv-Entwicklungen, am äußeren Eindruck des Erscheinungsbildes gemessen, zu einem typischen Merkmal der Reichsbahn-Lokomotiven geworden. Sie sind in dieser oder in ähnlicher Form von vielen größeren Bahnverwaltungen, die Italienischen Staatsbahnen und die Schweizerischen Bundesbahnen ausgenommen, für ihre dortigen schnellfahrenden Lokomotiven übernommen worden. Unsere P 8 und die P 10 erhielten ebenfalls solche, jedoch nicht ganz so breite Windleitbleche.
Die Konstruktion der Kriegslokomotiven führte später zu anders geformten Windleitblechen. Die kategorische Forderung nach Vereinfachung der gesamten Lokomotivkonzeption erzwangen nämlich beträchtliche Einsparungen an Stahl auch bei den Windleitblechen, deren Gewicht in Form der Einheitsausführung unter Einbeziehung der schrägen Abdeckbleche unter der Rauchkammer runde 660 kg bis zu einer Tonne ausmachte. Friedrich Witte meinte in seiner Veröffentlichung in der „Lokomotivtechnik" (Jahrgang 1962): „Durch Versuche am Objekt selbst, etwa in Form von Fahrversuchen auf der Strecke, läßt sich die den vielseitigen Anforderungen optimal genügende Form wegen der ständig wechselnden Verhältnisse auf der Strecke, was Windrichtung, Stärke der Strömung, Umgebung, Linienführung und Geschwindigkeit anbelangt, nicht ermitteln, ganz abgesehen von den hohen Kosten solcher Fahrten. Weder meßtechnisch an der Lokomotive, noch durch theoretische Berechnung ist das Problem zu lösen. Dazu sind die Strömungsverhältnisse durch die vielgestaltige Form zu

Auch die 39 196 hatte die Indusi rechts unterhalb des Führerstandes. Sie war die allerletzte P 10 der Bundesbahn – am 17. Januar 1967 wurde sie in Stuttgart zur Ausmusterung abgestellt. Bild vom August 1966

Die 39 191 bei der Seddiner Ausstellung 1924: die erste P 10 mit noch blanken „Luftleitblechen" nach der „Anprobe"

undurchsichtig. So sehr jede Mitarbeit durch Verbesserungsvorschläge zu begrüßen ist, so wenig eignet sich dieses hier behandelte Gebiet für Experimente an der Lokomotive. Die einzige Möglichkeit, exakte Ergebnisse auf breiter Basis mit relativ einfachen Mitteln erzielen zu können, bietet der Versuch im Windkanal. Wie schon in den zwanziger Jahren, wurde deshalb Anfang der vierziger Jahre bei der Entwicklung der Lokomotiven 52 und 42 auf Windkanalversuche zurückgegriffen, um festzustellen, was man vereinfachen und damit an Gewicht sparen kann, ohne die Wirkung zu verschlechtern, ja, wenn möglich, sollte die Wirkung noch verbessert werden."

Die daraus resultierende Folgerung war schließlich die Reduzierung auf kleine, nur noch rund 150 bis 160 kg wiegende Windleitbleche. Sie zeigten trotz geringsten Aufwandes auch bei den P 10-Lokomotiven eine optimale Wirkung und gehörten schließlich zur Standard-Ausrüstung, wenngleich einige Preußin-

Die 39 025 mit Indusi: Neben dem Schornstein der Dreifrequenzgenerator, unterhalb des Umlaufs vor dem Führerhaus der Verzögerungsluftbehälter. Aufnahme vom September 1958 in Stuttgart

nen ihr Leben noch mit den alten Windleitblechen beschlossen.
Die „neue P 10“ als DR-Rekonstruktionsbaureihe 22 erhielt jedenfalls gleich beim Umbau die kleinen Leitbleche.

Die Länge der Treibstangen

Gehen wir von diesem „blechernen“, doch äußerst wichtigen, der Sicherheit und auch der Ästhetik zugeordnetem Thema über zu einer recht frühzeitig diskutierten maschinentechnischen Frage: Wir meinen die Dimensionierung der P 10-Treibstangen. Ministerialrat Fuchs vom Berliner Eisenbahn-Zentralamt äußerte während der Projektarbeiten, daß die Zwillingslokomotive schon deshalb ausschied, weil beim Antrieb der zweiten gekuppelten Achse zu hohe Vertikalkräfte aufgetreten wären, jener des dritten Radsatzes aber eine 3800 mm lange Treibstange erfordert hätte, die bei einem Kolbendruck von 45 t wohl recht bedenklich gewesen wäre. Daß sich mehrere Jahre später die Floridsdorfer bei den Reihen 114/214 für eine wesentlich längere Treibstange bei einem um 11 Prozent höherem Kolbendruck, aber kleineren Winkelausschlägen entscheiden würden, konnte man in Berlin noch nicht ahnen. Doch Wagemut gehörte nun einmal zum Risiko.

Spurkranzabnutzung

Völlig anders verhielt es sich im Zusammenspiel zwischen Lokomotive und Oberbau. Nachdem die Statistik erkennen ließ, daß auf deutschen Haupt- und Nebenbahnen durchschnittlich ungefähr 37 Prozent aller Schienen in Gleisbögen liegen und einerseits die Außenschienen dieser Gleise wegen starker seitlicher Abnutzung alle drei bis vier Jahre zu erneuern waren, während andererseits die Triebfahrzeuge wegen Abnutzung der Spurkränze in verhältnismäßig kurzen Zeitabständen unter großem Kostenaufwand auf der Drehbank nachgearbeitete Spurkränze oder gar neue Radreifen erhalten mußten, versuchte man die Bemühungen zu intensivieren, ein geeignetes verschleißminderndes Schmierverfahren zu

Ein „klassisches Foto" von Rudolf Kreutzer, damals im Dienst der Hanomag: Der D 144 Dresden – Köln in den zwanziger Jahren mit einer P 10 in der Nähe von Hannover

Sorgen mit den alten, genieteten Tendern: Bei dem der 39 254 ist der hintere Teil bereits geschweißt und Flicken schließen Löcher (1963)

finden. Das war eine schwierige Sache, wenn man bedenkt, daß eine betriebssichere Spurkranzschmierung nur die Berührungsflächen zwischen Spurkranz und Schiene „geschmeidig" machen darf, nicht aber die Radreifen-Lauffläche und den Schienenkopf, weil sonst die Reibungskraft vermindert und ein Radschleudern auftreten würde. Am Ende einer langen Versuchsreihe, auch mit Radreifen-Näßeinrichtungen, sind schließlich elektrische und Dampflokomotiven mit der Spurkranz-Schmierung des Herstellers De Limon, Fluhme & Co ausgerüstet worden. Dabei verwendete man ein frostbeständiges Fett, das infolge seiner Zähigkeit selbst bei warmer Witterung auf den Spurkränzen haften bleibt und nicht auf die Laufflächen fließt.

Bis Anfang 1957 sind bei der DB über 1000 Dampflokomotiven, die auf krümmungsreichen Strecken verkehrten, mit der De-Limon-

Apparatur ausgestattet worden. Auch viele der preußischen P 10 bekamen als spätere Baureihe 39^{0-2} diese sinnvolle Schmierpresse mit zugehörigen Spurkranz-Spritzdüsen.
Schon oberflächliche Beobachtungen machten klar, daß die Radreifen gegenüber früher im Durchschnitt eine anderthalb- bis zweifache Laufleistung aufwiesen und bei allgemeinem Zugbetrieb die Lebensdauer der Gleisbogenschienen von drei auf bis zu neun Jahren ausgedehnt werden konnte.

Überhitzer-Sorgen

Ein hochinteressantes, lange Zeit auf eine Lösung wartendes Problem bildeten die Überhitzer der angestrengt arbeitenden Lokomotiven einschließlich der P 10. Um nämlich eine nennenswerte Kohlenersparnis von rund 20 Prozent der Heißdampf- im Vergleich zur Naßdampflokomotive zu erzielen, mußten die Überhitzerschlangen an der günstigsten Wärmequelle angeordnet werden und durch ihre Form und die Art ihrer Abmessungen möglichst viel Wärme aufnehmen. In einer solchen Situation mußte das Rohrsystem, namentlich an den gefährdeten Umkehrstellen, einer Temperatur von 1100°C und darüber und Dampfdrücken von 14, 16 oder gar 20 kg/cm^2 standhalten. Diese Beanspruchung wurde noch erhöht und kompliziert durch den Temperaturwechsel bei Fahrten mit und ohne Dampf.
Es wurden nun ganz besonders ausgeklügelte Herstellungsverfahren und Stahlsorten-Zusammensetzungen (Kohlenstoffgehalt nicht über 2,5 Prozent, Schwefel- und Phosphorgehalt nicht mehr als 0,07 Prozent) eingesetzt. Problematisch war aber noch die Ausbildung der Umkehrstücke nach einer speziell ausprobierten Herstellungsmethode.
Immerhin mußte angenommen werden, daß beim Absperren des Reglers nach schwerer Lastfahrt, wie sie bei der P 10 häufig vorkam, ein Glühen der Umkehrenden eintreten könnte. Vorsichtshalber praktizierte man zwar die Idee des „Schmierdampfgebens“, um die Überhitzerumkehrstücke auf längeren Talfahrten zu kühlen, aber dies war eben nicht das perfekteste Verfahren. Experimente, auch mit der P 10, drängten sich auf.
Es gelang schließlich den Benteler-Werken in Bielefeld um die Jahreswende 1949/50, neue Umkehrstücke im Fließpreßverfahren mit durchlaufend schweißstellenfreiem Faserverlauf und mit Oberflächen-Verchromung herzustellen. Und so war es gelungen, an einer empfindlichen Stelle des Überhitzers eine spürbare Verbesserung zu erzielen, von der auch mehrere P 10-Lokomotiven profitierten. Die Anstrengungen der Konstruktions- und Fertigungsingenieure haben sich allemal gelohnt, selbst in Anbetracht dessen, daß die Dampflokomotive eines Tages abtreten mußte. Sie hat ihre Leitfunktion und Spitzenstellung über ein Jahrhundert lang beibehalten, um danach den im Zugförderungsdienst nachrückenden Diesel- und Elektrolokomotiven wesentliche maschinentechnische Impulse und fahrdynamische Erkenntnisse zu geben.
Wegen der allmählich in Gang gekommenen industriellen Verflechtungen und fertigungstechnischen Umstrukturierungen (Gießereien, Stahl-, Walz- und Röhrenwerke sowie elektrotechnische Unternehmen) hatten die traditionellen Lokomotivfabriken von vielen verbesserten und neuen Herstellungsverfahren profitiert. Einflüsse auf die eigenen Konstruktionsaktivitäten blieben nicht aus. Es war durchaus ein willkommener qualitativer Wertzuwachs in den Herstellungsstrukturen, wenn es darum ging, funktionelle und produktionstechnische Verbesserungen zu entwickeln, die dann nicht allein den Dampflokomotivbauern einen Nutzen brachten, sondern gar nicht so selten die allgemeine Wirtschaftlichkeit und Zuverlässigkeit steigerten.

Der Drilling im Aufwind

Freilich waren auch mehr oder weniger geglückte Kompromisse dabei. Denken wir nur an das bei der P 10 vorgesehene Dreizylindertriebwerk: Seit der Zeit des ersten Weltkrieges erhielt mit der preußischen S 10^2 (Vulcan, Stet-

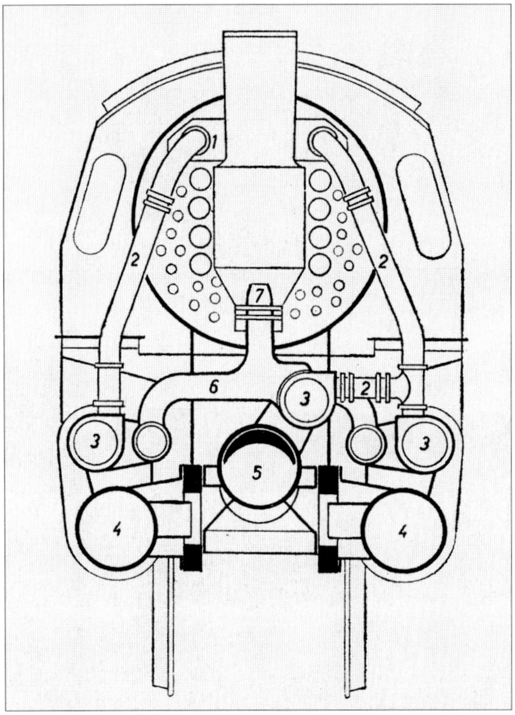

Schema der Zylinderanordnung beim Drilling: 1 – Dampfsammelkasten, 2 – Einströmrohre, 3 – Schieberkästen, 4 – Außenzylinder, 5 – geneigter Mittelzylinder, 6 – Ausströmrohr, 7 – Blasrohr

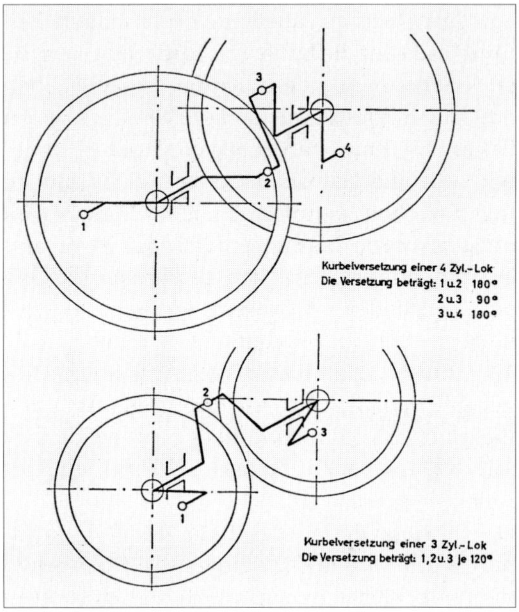

Schema der Kurbelversetzung bei Vier- und Dreizylinder-Lokomotiven

tin), mit der sächsischen XVIII H (Hartmann, Chemnitz) und vor allem mit der preußischen P 10 (Borsig, Berlin) das Dreizylinder-Triebwerk mit einfacher Expansion für Reise- und Schnellzuglokomotiven einen wesentlichen Auftrieb.

Der exzentrische, pulsierende Antrieb der Kolbendampfmaschine mit seinem durch den Kurbeltrieb bedingten ungleichförmigen Drehmoment ließ eine Reihe von Problemen auftauchen, die die Beherrschung und Begrenzung der dabei freiwerdenden Massenkräfte betrafen.

Die schweren umlaufenden und hin- und hergehenden Massen des Dampflokomotivtriebwerks mit ihren unliebsamen Rückwirkungen

Vergleich der Zugkraftschwankungen von Zwillings- und Drillingslokomotiven bei 75 Prozent Füllung, die jeweils oberste Linie zeigt die Summe der Kräfte. Eindeutig weicher gestaltet sich diese Kurve beim Drilling

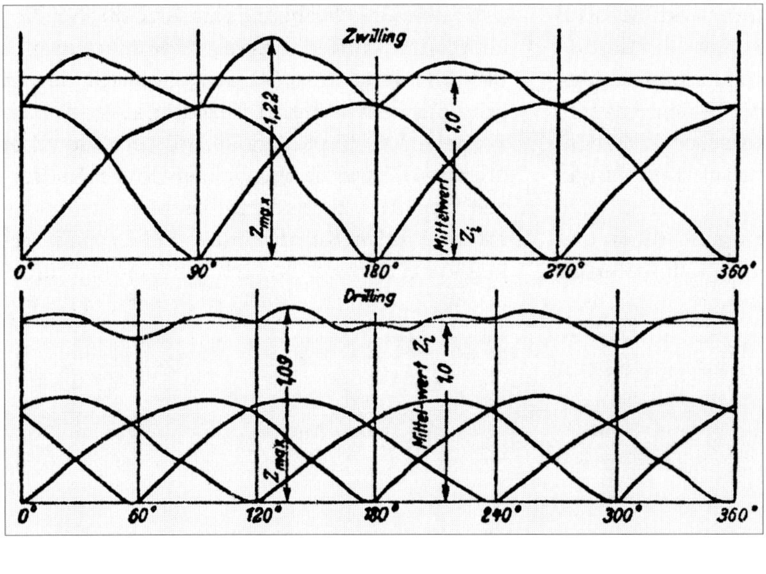

auf den Oberbau, aber auch mit schädlichen Einflüssen auf die Laufruhe, forderten geeignete Maßnahmen, diese Kräfte auszugleichen oder sie mindestens in erträglichen Grenzen zu halten. Und hier haben wir ein Beispiel dafür, wie sehr die Dampflokomotive ein Kompromiß zwischen Erwünschtem und Möglichen einerseits sowie Betriebswirtschaftlichkeit und Wartungsfreundlichkeit andererseits war. Bei annähernd gleichen Massen der drei Triebwerke der Drillings-Lokomotive P 10 und bei um je 120 Grad versetzten Triebkurbeln war ein völliger Massenausgleich zu erreichen. Aber die Neigung des Mittelzylinders mußte natürlich mit der Winkelstellung der Außenkurbeln korrigiert werden.

Der Mittelzylinder der P 10 ist aus anordnungstechnischen Erwägungen mit 1:6,5 gegen die Waagerechte geneigt worden. Damit betrug die Versetzung der Treibkurbeln gegeneinander nur zwischen rechter und linker Triebwerkseite genau 120 Grad. Die rechte Kurbel eilte dagegen der mittleren um 120° + 8°32′56″ und diese wiederum der linken Kurbel um 120° – 8°32′56″ voraus. Der Ausgleich der hin- und hergehenden Massen geschah mit Rücksicht auf die gefürchteten Drehbewegungen der Lokomotive um die lotrechte Schwerachse nur unvollkommen. Deshalb wurde lediglich von den Außentriebwerken ein Teil der hin- und herschwingenden Massen (Gewichte der Kolben und Kolbenstangen, der Kreuzköpfe und 40 Prozent der Treibstangengewichte mit den schwingenden Teilen der Steuerung) durch Sichelgewichte in den Radsternen ausgeglichen. Das Innentriebwerk blieb aber unberücksichtigt.

Die „Technischen Vereinbarungen“, die in den Mitgliedsverwaltungen des Internationalen Eisenbahn-Verbandes Gesetzes-Charakter hatten, schrieben im § 69 vor, daß die freien Fliehkräfte der Gegengewichte 15 Prozent der ruhenden Achslast nicht überschreiten dürfen. Mit Rücksicht darauf konnten bei der P 10 in jedem der angetriebenen Radsätze nur 6,8 Prozent (insgesamt 27 Prozent) der äußeren hin- und herbewegten Massen, auf 110 km/h Höchstgeschwindigkeit bezogen, ausgeglichen werden. Die umlaufenden Massen aller drei Triebwerke waren aber in den Kuppelradsätzen zu 100 Prozent ausgeglichen.

Trotz solcher Kompromißlösungen war die P 10, wie wir wissen, nicht nur rein „gefühlsmäßig“, sondern vom Betriebspersonal anerkannt, eine gut laufende Maschine.

Das neue Gesicht der P 10: Ohne Rauchkammer-Zentralverschluß und mit kleinen Lampen

In Leipzig-Möckern verläßt die Hauptbahn nach Erfurt/Gera das dichtbebaute Stadtgebiet. Mit der 22 055 fährt ein Personenzug nach Saalfeld am 2. September 1968 in einen schönen Spätsommertag. Die Lok hat viel gesehen: Als 39 191 gelangte sie nach 1945 zur PKP und lief dort als Pt 1–4 bis zu ihrer Rückgabe

12. Auf den Schienen des Auslandes

Hier ist die Orientierung nicht ganz einfach, zumal der zweite Weltkrieg viele Archive und Registraturen in Unordnung gebracht oder vernichtet hat. Gelegentliche Zeugenaussagen und einige Textüberlieferungen und sonstige verbale Rekonstruktionen helfen uns auf die Sprünge, doch könnte der folgende Überblick durchaus noch manchen Wunsch offenlassen und diese oder jene Lücke enthalten.

Als die amerikanischen Truppen Anfang 1945 die 1924 in Kassel gebaute Lokomotive 39 133 an der Westfront für sich beanspruchten, um sie für Militärdienste zu nutzen, kam sie aus dem Grenzgebiet um Aachen nach **Belgien**, ins Land mit dem dichtesten Eisenbahnnetz Westeuropas. Mit der Listennummer 1004 des U.S.Transportation Corps (USTC) und dem Namen „General Ross Raider" an den Führerhaus-Seitenwänden soll die Lok 39 133, nunmehr vom belgischen Depot Herbesthal betreut, vor Urlauberzügen zwischen Brüssel und Aachen eingesetzt worden sein.

Die 22 041 war 1959 aus der 39 038 hervorgegangen. Erst 1957 war diese aus Polen zurückgekehrt; ihre Nummer dort: Pt 1–1

Mit der eingeleiteten Europa-Hilfe der USA verschwanden dann vom Frühjahr 1946 an die Aufschriften des USTC von den Lokomotiven und machten bei den amerikanischen Kriegslokomotiven der U.N.R.R.A.-Beschriftung (United Nations Relief and Rehabilitation Administration) Platz. Die P 10 übereignete man jedoch schon im Oktober 1945 der Société Nationale des Chemins de fer Belges (SNCB), wo sie als „Deutsch-Amerikanerin" in der Hauptwerkstatt Mechelen (Mecheln/Malines) nördlich von Brüssel in der Provinz Antwerpen ausgebessert und danach dem Bahnbetriebswerk Lüttich (Liège) zugeteilt wurde.

Mit der belgischen Betriebsnummer 6700, vom Jahresbeginn 1946 mit der Nr. 67 001, war sie wahrscheinlich mindestens ein volles Jahr lang, zuletzt gemeinsam mit einem SNCB-Tender der Nr. 40 000 im Dienst. Die Lok kehrte im

Neun der in Polen nach 1945 verbliebenen P 10 wurden 1955 an die DR zurückgegeben. Mit der Pt 47 hatte man eine unkompliziertere 1'D1'h2-Neubaulok selbst entworfen. Hier die Pt 47-16 in Stettin 1973

Die P 10 bei der PKP

DR-Betriebsnummer	PKP-Betriebsnummer
39 038	Pt 1–1
39 039	Pt 1–2
39 187	Pt 1–3
39 191	Pt 1–4
39 115	Pt 1–5
39 112	Pt 1–6
39 082	Pt 1–7
39 104	Pt 1–8
39 174	Pt 1–9
39 171	Pt 1–10
39 217	Pt 1–11

Mai 1950 nach Deutschland zurück und wechselte in den Besitz der DB.

Ihre alte Betriebsnummer behielt die vom Bahnbetriebswerk Heidelberg stammende Hanomag-Lokomotive 39 124 in **Frankreich**, wo sie gegen Ende 1944, vermutlich im Streckennetz von Elsaß-Lothringen verwahrlost aufgefunden wurde und ungefähr 15 Monate bis zum März 1946 im lothringischen Depot Thionville (Diedenhofen) abgestellt worden ist. Ob diese P 10 während ihrer französischen „Internierung" jemals einen Regeldienst tat, bleibt umstritten.

Bemerkenswert ist, daß das Bahnbetriebswerk Thionville noch lange Zeit nach Kriegsschluß dienstfähige und ausgemusterte deutsche Dampflokomotiven beherbergte, darunter die Reichsbahn-Baureihen 42, 44 und 50. Und noch im Sommer 1981 fand der Verfasser die Bundesbahn-Dampflokomotive 050 951-3 im dortigen Depot als betriebsfähige und erhaltungswürdige Fremd-Gattung.

Aber die deutsche 39 124 wurde schon im Laufe des März 1946 nach Deutschland, damals an

die Südwestdeutschen Eisenbahnen in der Französischen Zone (SWDE), zurückgegeben.
Ein Schattendasein führten auch einige P 10-Lokomotiven in **Österreich**, wo man von zwei im Jahre 1945 im Heizhaus Bregenz stehengebliebenen Lokomotiven (39 202 und 39 205) berichtete. Nach Revisionen und Wiederherrichtungsarbeiten im Dezember 1949 und Januar 1950 in der Hauptwerkstätte Linz kamen sie auf die Westbahn. Und so sahen die Reisenden die beiden preußischen Maschinen sogar im Wiener Westbahnhof.
Im Rahmen der geplanten Umzeichnung waren für beide neue Betriebsnummern mit der Gattungsbezeichnung 619 der ÖBB vorgesehen. Dazu kam es jedoch nicht mehr. Im Dezember 1952 fand bereits die Übergabe an die DB statt.

Ein weitaus größeres Betätigungsfeld hatten die elf in **Polen** verbliebenen 39er, die wohl überwiegend aus dem Bestand des Reichsbahndirektionsbezirks Stettin stammten und nach der polnischen Übernahme wohl auch im Gebiet um Stettin und Danzig ihren Zugförderungsdienst leisteten, soweit sie verwendungsfähig waren. Die Polnischen Staatsbahnen (PKP) teilten ihnen neue Betriebsnummern zu. Die Lokomotiven Pt 1–9 und Pt 1–11 sind wegen zu großer Schäden schon 1947 ausgemustert worden. Die anderen waren im Reisezugdienst, gelegentlich bis nach Posen und wahrscheinlich auch nach Warschau, eingesetzt. Ihre Rückgabe nach Deutschland, an die Reichsbahn der DDR, vollzog sich erst im Dezember 1955.
Leider waren nicht mehr bei allen Rückführmaschinen die angestammten Betriebsnummern sofort feststellbar, so daß für vier der Lokomotiven neu disponiert werden mußte:

39 261 (Pt 1–7)	später ermittelt als 39 174 oder 39 082
39 262 (Pt 1–8)	später ermittelt als 39 104
39 263 (Pt 1–5)	später ermittelt als 39 115.

Auch die P 10 mit der alten Nummer 39 187 war zunächst nicht mehr als solche erkennbar; sie ereilte ebenfalls das Schicksal einer Neu-Einordnung. Sie bekam ungerechtfertigterweise die Nummer 39 020 (in zweiter Besetzung). Alle anderen konnten mit den Originalbezeichnungen weiterfahren.

Die P 10 – keine wahre Europäerin

Mit der Tatsache, daß von der Deutschen Bundesbahn auch Züge mit der P 10 bis nach Basel gefahren wurden, ist festzustellen, daß die Lokomotiven der Baureihe 39 auch die Grenze zur Schweiz überschritten und dort ins nördliche Randgebiet kamen. Unter Berücksichtigung der früheren Plandienste im alten Reichsbahn-Streckennetz, der vorgenannten Auslandsstationierungen und der Nachkriegseinsätze bei der DB und der DR läßt sich im Umriß ein Betätigungsfeld für die P 10 zeichnen, daß im Norden bis nach Lübeck, Stralsund und Danzig, im Süden bis nach Basel, Bregenz und München reichte. Im Osten fuhr sie bis nach Bromberg, Breslau und Wien, im Westen gab's Begegnungen in Brüssel, Thionville, Saarbrücken und Straßburg.
Es war allerdings eine mitunter nur „zufällige Internationalität", denn eine „europäische" Lokomotive – wie etwa die P 8 – wurde die P 10 nie. Ihre vergleichsweise geringe Stückzahl mit 260 Einheiten und ihre verhältnismäßig große Achsfahrmasse machten ein solches Ansinnen zunichte. Und an einen europäischen Großraumeinsatz war höchstens zu Hitlers Zeiten gedacht.
Die PKP besaß schon mit der Pt 31 eine hervorragende 1'D1'-Bauart und ließ nach dem Kriege in Chrzanow die Pt 47 entwickeln. Diese wurde im Gegensatz zur P 10 jedoch mit 1850 mm Kuppelraddurchmesser und Zwillingsdampfmaschine sowie mit 15 bar Kesseldruck ausgeführt. In der Zeit zwischen 1947 und 1951 ist diese polnische 1'D1'h2-Schnellzuglokomotive (Reibungsmasse nur 73,2 t) mit 180 Einheiten in bemerkenswerter Stückzahl fertiggestellt worden.

Mit dem E 594 Stuttgart – Konstanz hält die 39 196 vom Bw Stuttgart am 19. April 1965 kurz in Horb. Zur Jahrtausendwende ist keine der erhaltenen 39er bzw. 22er betriebsfähig

13. Museums- und Heizlokomotiven

Technik-Historiker und Eisenbahnfreunde erwarteten schon vor Jahrzehnten, daß die Bahnverwaltungen entwicklungstechnisch relevante und interessante Schienenfahrzeuge restaurieren und der Nachwelt erhalten sollten. Ungezählte Vorschläge gingen allein im Hinblick auf deutsche Dampflokomotiven an eine Vielzahl von Adressaten: Deutsche Bundesbahn, Museums-Direktionen, Lokomotivfabriken, Stadtverwaltungen, Industrie- und Handelskammern, Gewerbe-, Fach- und Hochschulen. Für das Aufstellen hergerichteter Lokomotiven wurden wärmstens empfohlen: Ausgediente Bahnbetriebswerke, Bahnhofsvorplätze, Parkanlagen, Fabrikhöfe, private Gärten, Technik- und Verkehrsmuseen. Leider brachten unterlassene Absprachen und mangelnde Koordination einen „Partikularismus" in Gang, dem die sinnvolle Auswahl, die vielerorts möglich gewesene betriebsfähige Erhaltung und fachgerechte Konservierung manchmal zum Opfer fielen.

Noch bevor die große Flut von Einsendungen und Anrufen in Schwung kam, alte Dampflokomotiven auf Denkmalsockel zu heben oder als Wahrzeichen einer Eisenbahner-Stadt aufzustellen, hatte die Deutsche Bundesbahn in den fünfziger und sechziger Jahren bereits mitunter in Eigeninitiative einige ausgemusterte Dampflokomotiven angeboten und zur Erhaltung bereit gestellt. Mehrere wurden an Lokomotivfabriken verkauft, darunter an Krauss-Maffei, an die Maschinenfabrik Esslingen und an Linke-Hofmann-Busch, andere gingen an Privatleute und in Museen. Auch das Verfahren der sogenannten „Leihgabe" ist praktiziert worden.

Aber viele der anfangs liebevoll umhegten, vor allem die im Freien aufgestellten Lokomotiven, mußten wiederholt ihren Standort wechseln. Manche waren sogar dem Verfall preisgegeben. Immerhin, unsere P 10 ist einem solchen Nachwelt-Anschauungsunterricht keineswegs verloren gegangen. Es gibt noch zwei „Ansichtsexemplare".

Nicht betriebsfähige Exemplare

Die Lokomotive 39 184 steht gut erhalten und gepflegt im Werkmuseum der Linke-Hofmann-Busch GmbH in Salzgitter. Die Maschine hatte Linke-Hofmann im Jahre 1924 in Breslau gebaut. Sie war dann auch dort beheimatet. Umstationierungen verwiesen sie in andere Bahnbetriebswerke: Hof, Mannheim, Heidelberg, Kempten und Jünkerath. Am 31. Dezember 1960 folgten die Ausmusterung, danach der Rückkauf durch Linke-Hofmann-Busch. In Salzgitter glänzt sie nun in ihrer preußisch grünen Lackierung mit rotem Triebwerk.

Die andere Museumslokomotive ist die einzige mit Hängeeisen-Steuerung ausgestattete Maschine, die 39 230 aus Karlsruher Fertigung. Sie wurde gerade noch rechtzeitig zur großen Fahrzeugschau in Bochum-Dahlhausen (3. bis 13. Oktober 1985) vom Ausbesserungswerk Trier fertig aufgearbeitet. Ihre turbulente Biographie besagt, daß sie nach erster Abnahme durch die Deutsche Reichsbahn von den Bahnbetriebswerken Stuttgart, Gießen, Frankfurt (M) 1, Limburg (Lahn), Darmstadt, Villingen und Radolfzell betreut und eingesetzt wurde. In den Jahren 1960/61 mußte sie allerdings kurz als Heizlokomotive in Frankfurt (M) 2 herhalten, bevor sie wieder ihren Zugförderungsdienst antreten konnte.

Am 19. August 1966 kam die Ausmusterung. Dann fristete sie noch längere Zeit ihr Dasein im Ausbesserungswerk Offenburg als „Lok für Kranbelastung" (Prüfgewicht 109,7 t mit Wasser). Ihr Tender fehlte. Erst am 9. April 1984 brachte man die verwahrloste und dem Rost preisgegebene Maschine zur Instandsetzung für den Museumsbestand der DB nach Trier.

Die 39 184 (Linke-Hofmann, Fabrik-Nr. 2922) im Werksmuseum in Salzgitter

Die 22 064 im Bayerischen Eisenbahnmuseum in Nördlingen. Gelingt ihre Wiederinbetriebnahme?

Dort erhielt die Lokomotive wieder die Windleitbleche der Originalform und einen restaurierten preußischen Tender. Ihr Äußeres mit der neuen Beschriftung „BD Stuttgart" und „Bw Stuttgart" wirkte geradezu fabrikneu. Die Lok ist allerdings nicht betriebs-, sondern nur rollfähig.

Manche andere P 10 mußte ebenso wie die 39 230 noch als mobiles Heizwerk dienen, darunter die 39 058 und 39 196 in Stuttgart, die 39 073 in Plochingen, die 39 106 in Trier, die 22 047 in Staßfurt sowie die 22 085 in Dresden-Friedrichstadt. Als letzte im Betrieb der DB eingesetzte Lokomotiven der Gattung P 10 gelten die Maschinen 39 035 (Ausmusterung am 5. Juni 1967) und 39 196 (Ausmusterung am 5. September 1967). Erstere stammte von Borsig, die zweite von der Hanomag. Beide waren zuletzt in Stuttgart beheimatet und hatten am Ende ihrer Laufbahn fast nur noch Aufgaben im Bezirksverkehr und im Bauzugdienst.

Die 39 230 als Kranbelastungslok im Bw Offenburg 1978, wenige Jahre später ist sie Museumsstück und erregt bei der Jubiläumsausstellung in Bochum-Dahlhausen 1985 nicht geringes Aufsehen

Zur „Konservierung“ konnte man sich in jenen Jahren noch nicht entschließen, und beinahe wäre auch die langsam dahinrostende, fast schrottreife „Offenburgerin“ 39 230 der DB ebenfalls dem Schneidbrenner zum Opfer gefallen, so daß im Wirkungsbereich der DB nur die Linke-Hofmann-Lok 39 184 übrig geblieben wäre. Doch gottlob, glücklicherweise hatte das Verkehrsmuseum Nürnberg die dort zunächst in der beengten neuen Fahrzeughalle untergebrachte 39 230 dem Deutschen Dampflokomotiv-Museum in Neuenmarkt-Wirsberg als Dauerleihgabe überlassen, wo sie heute zu besichtigen ist.

Die Umbaulokomotiven der Baureihe 22 blieben noch einige Zeit länger im Dienst als ihre westdeutschen Schwestern. Noch im Jahre 1971 wendeten sie auf einer der beiden Drehscheiben des Bahnbetriebswerkes Leipzig Hbf West zur Rückfahrt nach Saalfeld. Aber dort herrschte bereits Abschiedsstimmung. Nur noch ganz wenige dieser Reko-Lokomotiven, wie die 39 1034 und 39 1060, wurden gebraucht. Das Bayerische Eisenbahn-Museum in Nördlingen bemüht sich jedoch, wenigstens die Lok 22 064 zu restaurieren. Es handelt sich dabei um die ursprünglich von Henschel gebaute 39 165 aus dem Jahr 1924.

Von der 22 001 blieb in Saalfeld als Denkmal der Treibradsatz mit der Kropfachswelle erhalten

Es ist jammerschade, daß keine der aus dem Hause Borsig stammenden Lokomotiven zurückgestellt wurde und erhalten geblieben ist. Sie hätte in ihrer Geburtsstadt Berlin einen exponierten Platz haben können.

Aber welche Träume sind das, die man zum Gegenstand eines schmunzelnden Rückblicks macht?

Trotzdem müssen wir das Gewesene mit dieser „Wunschlokomotive“ nicht verdrängen, wir haben ja die anderen.

Die 39 016 kommt im Jahre 1957 mit dem D 469 gerade aus dem Kurzenberg-Tunnel auf der Schwarzwaldbahn herab. Ein solcher Einklang von Bahn und Natur ist nur noch im Modell nachzuempfinden

14. Schlußgedanken: Abgelegte Projekte und anspruchsvolle Modelle

Die P 10 hinterließ kein Gefühl von faulem Zauber einer überlebten Dampflokzeit. Anachronistisch war diese Lokomotive nicht, eher avantgardistisch als Vierkuppler-Reisezugmaschine mit Drillingstriebwerk, die bei Neuentwicklungen in Berlin immer wieder zerredet wurde und schließlich auf deutschen Schienen keine Nachfolgerinnen fand. Mit der P 10 ist eine Lokomotivgattung von uns gegangen, die in ihrem unverwechselbaren Erscheinungsbild und in ihrem charakteristischem Auspufftakt nicht wiederkommen wird.
Natürlich möchten ungezählte begeisterte Dampflokliebhaber „ihre P 10" wiederhaben. Legendäre und der Vergangenheit angehörende Muster-Lokomotiven bewegen das Gemüt noch immer. Und je eintöniger und damit glanzloser der zeitgemäße Diesel- und Elektrolokomotivbetrieb wird, desto notwendiger ist die Aufrechterhaltung der Erinnerung an dampfende Schienenfahrzeugtechnik als Relikt aus der „guten alten Zeit". Sicherlich, wir haben sie im Museumsbestand, aber die traumhaft lebendige P 10 ist's nicht mehr. Lediglich zwei leblose Abbilder gehören ins Museums-Szenarium. Wer erhalten gebliebene Film-Aufnahmen sieht, mag an einen Traum glauben.

Uns bleibt die Spekulation

Man kann nachträglich spekulieren, wie ohne die unglücklichen Umstände des zweiten Weltkrieges die Dampflok-Entwicklung weitergegangen wäre. Tatsache bleibt jedenfalls, daß hinsichtlich Achsfahrmasse und Leistung der Vierkuppler den Pazifik-Einheits-Schnellzuglokomotiven Wagnerscher Prägung im Hügelland- und Mittelgebirgsstreckendienst weit überlegen war.
Unsere P 10, in nordamerikanischen Dimensionen gemessen freilich nur ein „Mittelklasse-Fahrzeug", war aber für viele eine wahrhaft königliche Kreation, eine Borsigsche „Meister"-Leistung, von Könnern aus der Taufe gehoben und doch mit Fehlern behaftet. Doch auch Ingenieure mit einem Vielfachen an Kenntnissen und Erfahrungen sind auf ein bißchen Glück und auf diplomatisches Verhandlungsgeschick angewiesen, um uneingeschränkten Erfolg zu haben.
Die P 10-Historie war und ist sicherlich so etwas wie ein aufschlußreicher Anschauungsunterricht dafür, wie sich Lokomotivgeschichte interpretieren läßt, ohne in abwegige Gedankenspiele über eine Folgenabschätzung ausgeführter oder unterlassener Konstruktionen zu verfallen.
Die vierfache Kupplung für ausgesprochene Schnellzug- und Personenzuglokomotiven, die von ausländischen Eisenbahnverwaltungen im schweren Dienst auf Hügelland- und Gebirgsstrecken längst zum Standard gehörte, hatte sich trotz sächsischer Pionierleistung mit der XX HV und trotz der P 10 als letzte, für die Preußische Eisenbahn-Verwaltung entwickelte Personenzuglokomotive, bei der Deutschen Reichsbahn nie im Beschaffungsplan durchsetzen können. Die 2'D2'h3-Schnellzuglokomotiven der Baureihe 06 und die 1'Dh2-Personenzuglokomotiven der Baureihe 25 waren als Prototyp-Bauarten geringer Stückzahl atypische Vertreterinnen des alten und neueren Typenplanes.
Die in diesem Zusammenhang immer wieder erörterte Frage einer vierfach gekuppelten Nachfolgerin der P 10 blieb trotz mehrerer Antworten ungelöst. Die Hauptverwaltung der Deutschen Reichsbahn beauftragte zwar 1934 das Reichsbahn-Zentralamt für Maschinenbau mit der Beschaffung von vierfach gekuppelten Schnellzuglokomotiven für 135 km/h Höchstgeschwindigkeit. Damit sollten die großen

Preußische P 10 und bayerische S 3/6 – zwei Philosophien des Lokomotivbaues. Das hält die 39 218 und die 18 617 nicht davon ab, gemeinsam den Schnellzug München – Lindau zu befördern (München Hbf 1961)

Gute Lok, schöne Lok, Klasse-Lok – Graffities einer verflossenen Zeit am Tender der 22 038, beobachtet 1977 auf dem Saalfelder Schrottplatz

Vierkuppler der Länderbauarten, die preußische P 10 und die sächsische XX HV, doch noch ihre vereinheitlichten Abkömmlinge finden.

Elf Projekte sind von Borsig, Henschel, Krupp und Schwartzkopff eingereicht worden, von denen die 2'D2'h3-Bauart empfohlen und in zwei Einheiten geliefert worden war, aber als deutsche „Super-Schnellzuglokomotiven" ihr Programm-Ziel verfehlten. Andere Entwürfe von Borsig und Henschel sind wegen des Krieges im Entwicklungsstadium steckengeblieben.

Geeignete Nachfolgerinnen, die auch als Dreikuppler neues Ideengut einbringen konnten, etwa nach französischem Vorbild, fanden keine Verwirklichung. Und die Borsigschen Konstruktionszeichnungen der Jahre 1939/40 für neue Dreikuppler offenbarten zweifelsfrei eine Absage an Wagners und Nordmanns konser-

Den Weg allen alten Eisens ging auch die P 10: Oben die 22 060 in Saalfeld 1977, daß sie noch raucht, verdankt sie einer dahinter zu Berg donnernden 44er, auch ein Drilling, wenigstens ein Trost. Unten: Stuttgart West im Jahre 1963, hinter der 39 186 jede Menge andere alte Preußinnen

Erinnerungstafel im Bw Jünkerath, 1978

vative Prinzipien und Entwicklungsvorgaben. Alle Diskussionen und Wünsche nach einer Baumusterfreigabe verliefen im Sande. Die Kriegsmaschinerie war mächtiger.

Der Ersatz der P 10 durch die spätere DB-Schnellzuglokomotive der Baureihe 10, wie ihn im Jahre 1951 Ministerialrat Friedrich Flemming von der DB-Hauptverwaltung in Offenbach noch plante, war ein Flop. Die Konzeption jener Neubaulok als Dreikuppler, zwar mit erhöhter Kuppelradsatzlast, doch mit insgesamt verringerter Reibungsmasse gegenüber einem Vierkuppler und der verspätete Dienstbeginn der Baureihe 10 machten solche Ablösungsvorhaben zunichte. Zum Bau eines vorsichtig und zunächst als Vision in die Konstruktionsgespräche eingeführten Vierkupplers kam es nicht mehr. Die Elektrifizierung und die „Motorisierung" des Schienenverkehrs drängten zum Strukturwandel der Zugförderung.

Die P 10 im Modell

Nun, der preußische Lokomotivbau ist längst Vergangenheit. Die P 10 hatte ihr Debüt sowieso schon nicht mehr bei der Königlich Preußischen Staatseisenbahn-Verwaltung (KPEV), sondern bei der gerade neugegründeten Deutschen Reichsbahn.

Vielleicht findet mancher jene vergangene Epoche in der Gegenwart vor einem Traumhorizont wieder, die ein inzwischen riesenhaft angewachsener Modelleisenbahnmarkt erkennen läßt. Und unsere P 10 mit ihren Borsigschen Formen, ein wohl geglücktes Zusammenspiel von Technik und Gestaltung, das schon mancher, wie bei der S 3/6, zum Ritual erhob, ist dabei.

Die Borsig-Jubiläumslok mit der Fabriknummer 11 000 als H0-Modell von Rivarossi

Der italienische Hersteller Rivarossi bot im Jahre 1977 die P 10 gleich in drei H0-Versionen an, darunter die im Fotoanstrich im Sortiment enthaltene „Elberfeld 2811" (39 002), die 39 127 und die 39 149. Unsere P 10, lange Zeit die leistungsstärkste deutsche Personenzuglokgattung, hatte beispielsweise auch die früheren Kataloge von Fleischmann mit der Lok „Elberfeld 2810" in K.P.E.V.-Farben und mit der historischen Reichsbahnversion 39 204 bereichert.

Im Jahre 1998 überraschte derselbe Produzent die Modellbahnfreunde mit einer premierenhaften Vorstellung seiner gelungenen miniaturisierten P 10 und einem preußischen Schnellzug (in einer hübschen Geschenkpackung oder einzeln) für die Spurweite N. Besonders gelobt wurde die hervorragende Farbgestaltung.

Andere Beispiele aus den Modellfertigungen sind die vortreffliche „Elberfeld 2811" eines interessanten, nicht mehr ganz jungen Angebotes der sich selbst als Modellbahn-Edelschmiede titulierenden Firma Gebhard Reitz sowie die 39 243 von Lima.

Es ist also eine recht erstaunliche Bewegung in das Modellbahngeschäft mit der P 10 gekommen. Sicher wird es noch Neuauflagen oder weitere, im kleinen Maßstab nachgebaute „Premieren-Lokomotiven" der einstigen Mittelgebirgskönigin P 10 geben. Tatsächlich konnten schon die Anfang 1998 auf dem Modellbahnmarkt erschienenen Drillingsmaschinen 39 254 in H0 und 39 196 (Motor im kurzgekuppelten Tender), wiederum von Rivarossi, die bisherige insbesondere auch von Fleischmann offerierte P 10-Modell-Palette bereichern. Seien wir deshalb zuversichtlich, daß die meisterhafte und wirkliche P 10 eines Tages nicht vom eigenen Erhaltungszustand überrollt wird und daß sich auch in Zukunft Museen und Liebhaber finden werden, die sich ihrer annehmen.

Daß eine Vierkuppler-Lokomotive sowohl in der Ebene mit höheren Geschwindigkeiten als auch im Hügel- und Mittelgebirgsland bei großen Schlepplasten nötig war, zeigen die zahlreichen Vorentwürfe im Rahmen der Entwicklungsarbeit der dreißiger Jahre. Da befanden sich in den Planvorschlägen beispielsweise von Borsig die 2'D2'h3, die 1'D2'h3, die 2'D1'h3 und sogar eine 2'Dh4v. Lokomotiven mit 1750 und 2000 mm Kuppelraddurchmesser, mit und ohne Stromlinienverkleidungen sowie andere Varianten erweiterten die Ideen-Skala.

Auch in Österreich dachte man im Hinblick auf die Baureihe 214 der zwanziger Jahre erneut an einen Vierkuppler ähnlicher Konzeption. Welche Intentionen den verschiedensten in- und ausländischen Entwurfsstudien der Lokomotivindustrie, darunter auch Henschel, Schwartzkopff, Krauss-Maffei und Krupp, zuzuordnen sind, ist heutzutage nur noch schwer nachzuempfinden. Der Kraftaufwand, einen geeigneten Vierkuppler-Typ der Zukunft zu entwickeln, war jedenfalls ganz enorm.

Und wenn wir uns im vorliegenden Band auf die Spuren der Entwicklung begaben, dann scheint klar zu werden, daß eine große 1'D1'-Lok durchaus kein bloßes Alibiprodukt einer damals um Aufträge ringenden Lokomotivindustrie darstellte. Hinter der sicher nicht ganz tadelsfreien Konstruktionsleistung verbarg sich das Konzept einer kraftvollen Dampflokomotive in ungewöhnlicher Dimensionierung, deren in Szene gesetzten Aktivitäten auch heute noch zu den interessantesten Anstrengungen aus dem Bereich eines fast vergessenen Industrie-Klassizismus gelten.

Quellennachweis

Bücher:

Düring: Schnellzug-Dampflokomotiven der deutschen Länderbahnen 1907 – 1922, Franckhsche Verlagshandlung, Stuttgart, 1972

Garbe: Die zeitgemäße Heißdampflokomotive (Ergänzungsband des Handbuches „Die Dampflokomotive der Gegenwart"), Julius Springer, Berlin, 1924

Giesl-Gieslingen: Anatomie der Dampflokomotive, Josef Otto Slezak, Wien, 1986

Lindner, Schmalfuß: 150 Jahre Borsig Berlin-Tegel, Nicolaische Verlagsbuchhandlung, Berlin, 1987

Meereis: Neubau- und Rekonstruktions-Dampflokomotiven der DR nach 1945, Eisenbahn-Kurier-Verlag, Wuppertal, 1975

Messerschmidt: 1D1 – Erfolg und Schicksal der Mikado-Lokomotiven, Franckh'sche Verlagshandlung, Stuttgart, 1963

Metzeltin: Die Entwicklung der Lokomotive im Gebiete des Vereins Mitteleuropäischer Eisenbahnverwaltungen, Band II, R. Oldenbourg, München und Berlin, 1937

Reichsverkehrsministerium (Hrsg.): Die deutschen Eisenbahnen 1910 bis 1920, Julius Springer, Berlin, 1923

Wenzel: Die Baureihe 39, Eisenbahn-Kurier-Verlag, Freiburg, 1982

Witte: 25 Jahre Bau von Einheitslokomotiven, Jahrbuch des Eisenbahnwesens 1951, Röhrig-Verlag, Köln, 1951

Zeitschriften:

A. Borsig GmbH (Hrsg.): Die elftausendste Lokomotive der A.Borsig GmbH, Berlin-Tegel, Organ für die Fortschritte des Eisenbahnwesens, Jahrgang 1922

Fuchs: Die 1D1-Dreizylinder-Personenzuglokomotive Gattung P 10 der Reichsbahn, Glasers Annalen, Jahrgang 1922

Gottwaldt: Die letzten deutschen Personenzuglokomotiven, LOK MAGAZIN, Heft 38

Messerschmidt: Die Borsig-Lokomotivwerke, Die Lokomotivtechnik, November/Dezember 1960

Mühl: Die preußische P 10, LOK MAGAZIN, Heft 3

Nordmann: Neuere Ergebnisse aus den Versuchen des Eisenbahn-Zentralamtes mit Dampflokomotiven, Glasers Annalen, Jahrgang 1926

Robinet: Die Lokomotiven der Reihe 141 P der SNCF, LOK MAGAZIN, Heft 69

Weisbrod, Obermayer: Die Baureihe 39, Sonderausgabe Eisenbahn-Journal, Heft IV/1985

Wagner: Lokomotivtechnische Vorkehrungen zur Erhöhung der Fahrgeschwindigkeit, Technisch-Wirtschaftliche Bücherei, Heft 68, Otto Elsner Verlagsgesellschaft, Berlin (aus Verkehrstechnische Woche, Jahrgang 1936)

Anonym: Auf der P 10, Borsig-Werkzeitung Nr. I, 1923/1924

Bildnachweis

Baur, Dr. Karl-Gerhard: 19 u., 27 o., 27 u., 30 o., 30 u., 87 u., 90 r., 91

Bügel, Joachim (Sammlung): 52 (Bellingrodt), 71 (Bellingrodt), 74 (Bellingrodt), 118 (Bellingrodt), 123 o. (DB), 123 u. (Bellingrodt), 127 (Bellingrodt), 132 (DB), 135 (Bellingrodt)

Bürger, Dr. Gert: 90 l.

Clössner, Wolfgang: 126, 156 o.

Driesch, Peter: 28

Ernst, Friedhelm: 22 o., 22 u., 23 o., 23 u.

Heym, Rudolf: 103, 154 u.

Heym, Rudolf (Sammlung): 63, 69

Kieper, Klaus: 95 o., 102 o.

König, Peter: 18 o., 19 o.

Lange, Hans-Joachim: 101
Messerschmidt, Wolfgang: 37, 76 u., 79, 107 o., 116 l., 119, 128, 131, 139, 150 u., 151, 156 u.

Messerschmidt, Wolfgang (Sammlung): 11 o., 11 u., 13, 15, 17 o., 17 u., 20 o., 20 u., 24, 25, 29, 32, 33 o., 33 u., 35 o., 35 m., 35 u., 40, 41, 42 o., 42 u., 45, 46, 48 (Bellingrodt), 51, 53 o., 53 u., 54, 55, 56 (Bellingrodt), 57 (Esslingen), 59, 60 (ÖBB), 61, 62 o. (BR), 62 u. (FS), 70 (Müll), 76 o., 85, 106 o., 107 u., 108, 109, 110 (Illner), 111, 116 r., 140 o. (Kreutzer), 142o.l., 142 o.r., 142 u., 146, 150 o. (Linke-Hofmann), 151 u. (Lüttich)

Moll, Gerhard: 80, 96 u., 145
Moll, Gerhard (Samml.): 14, 20 o., 20 u., 34, 40

Müller, Hans: 94 o., 94 u., 95 u.

Rotthowe, Ludwig: 10, 92

Säuberlich, Helmut: 12, 77 u., 104

Säuberlich, Helmut (Samml.): 72 (Bellingrodt)

Schöppner, Albert: 18 u., 31 o., 31 u., 83 o., 87 o.

Schütze, Gert: 155 o.

Schütze, Gert (Sammlung): 58 (Pritchard)

Seitz, Karl-Friedrich: 78, 82 o., 144, 152

Seitz, Karl-Friedrich (Sammlung): 38 (Kuom), 96 o., 99 (Illner), 112 o. (Bellingrodt)

Skrzypnik, Heinz (Sammlung): 16, 114, 117, 120 (Schwalb), 125 o. (Ismaier), 125 u. (Habler), 154 o.

Stemmler, Herbert: 26 u., 77 o., 83 u., 90, 91, 98 o., 98 u., 102 o., 106 u., 130, 136, 138 o., 140 u., 143, 148, 155 u.

Stemmler, Herbert (Sammlung): 112 u. (Bellingrodt), 134 (Bellingrodt)

Stoffels, Wolfgang (Sammlung). 39, 138 u.

Trpin: 65 o.

Wollny, Burkhard: 26 o., 82 u., 86 o., 86 u.